东京城市更新经验：城市再开发重大案例研究

U0334210

东京城市更新经验：城市再开发重大案例研究

URBAN REGENERATION IN TOKYO: KEY URBAN REDEVELOPMENT PROJECTS

同济大学建筑与城市空间研究所　株式会社日本设计　著

同济大学 出版社
TONGJI UNIVERSITY PRESS

中国 · 上海

序1 持续更新的城市——上海

英国伦敦大学学院 (University College London) 巴特利特建筑学院 (The Bartlett School of Architecture) 的斯蒂芬·马歇尔博士（Stephen Marshall）认为：“城市是人类创造的最终居住地，然而，在所有的物种中，可能只有人类所建造的居住地是最不适合人类本身居住的。”城市在经历了数千年的社会发展之后，今天大多数人认为，我们的城市还存在许多问题。大城市逐渐暴露出程度不等而日趋严重的问题，城市生活要达到人们所期待和想象的那样美好，还需要全人类的极大努力。城市的人口剧增、老龄化、环境、能源、交通和治安等物质的、社会的、经济的问题已经成为全球所关注的问题。上海和东京同样面临这些挑战。

上海与东京是亚洲的两座城市，二者有许多相似之处，但是差异也许更盖过相似。在近代史上，许多人将上海比作“东方的巴黎”“东方的纽约”，却从来没有人将上海与东京相提并论。由于众多的人口和全球化进程的不断推进，东京和上海最相似之处可能是这两座亚洲最大的都市都在持续不断地更新，城市空间结构和空间形态都在不断演变。近代的上海和东京几乎同时开始现代化的进程，同时成为繁华的国际大都市。美国记者霍塞 (Ernest O.Hauser) 在《出卖上海滩》中说：“罗马不是一天造成的，但上海则确是如此的。”这句夸张地形容上海迅猛的城市发展和更新的话大概也同样适合东京。

东京通过多轮次和多层面的空间规划来引导城市的整体发展，强调结构性的调整和整体性的协调。五次首都圈规划改变东京都“一极集中”的结构，形成以商务核心城市为中心的自立型都市圈，构筑“多核多圈层”的区域结构。“21世纪的新首都”蓝图和“世界大都市东京”的发展目标使东京成为领先的全球城市。

上海作为高密度城市，需要学习东京的城市更新的经验，发展紧凑型城市，进行不同层次的中心配置，建设功能综合的城市圈和发达的交通网络，通过公共交通网络实现紧凑的城市群连接，注重环境保护，遏制城市的无序蔓延，实现高水平的城市管理。株式会社日本设计在城市更新方面的成就值得我们认真学习。

在相当长的一个时期中，日本人都是上海最庞大的外国居留民团体，在上海留有众多的足迹。许多日本建筑师活跃在上海，留下了数量可观的建筑作品，部分建筑至今仍然留存，相当一部分建筑被列为优秀近代建筑。如今，在上海的建筑领域日本建筑师依然十分活跃，矶崎新、安藤忠雄、妹岛和世、西泽立卫等人以及日本设计、日建设计等设计机构的作品已经成为上海天际线的组成部分。

自1990年以来，上海面临着城市产业的转型，同时也伴随着城市空间结构的重组，以适应后工业时代的城市发展。在继续开发新城和新区的同时，城市更新集中在四个方面：一是工业、工业区和工业用地的转型和转性，以及工业遗产的保护与利用；二是滨水区的产业、功能和空间的转型；三是在城市旧区改造中，由于商业利益的推动，或者是在已经意识到历史街区和历史建筑保护的重要意义的情况下，重视历史文化风貌地区和历史建筑的修缮和保护。此外，由于长期以来居住条件一直处于困难状况，历史建筑的修缮需要兼顾保护和改善居住条件，减少人口密度；四是在城市中修补并植入公共空间和绿地。上海中心城区的人口密度最高，是郊区的 24 倍，城市人口不均匀分布的同时还伴随着各地区之间在环境资源、交通资源、文化教育和医疗卫生资源的不均衡分布。

上海自 20 世纪 80 年代以来的大规模疾风暴雨式的建设高潮过去之后，受到土地资源和能源的约束，城市发展的主要方向也逐渐转向城市更新、复兴生态修复和保护建筑文化遗产上，不断完善城市功能和管理，在城市建设基础上发展并更新城市。

要实现《上海市城市总体规划（2017—2035 年）》建设卓越的全球城市以及令人向往的创新之城、人文之城、生态之城的目标，使 2035 年的上海，建筑是可以阅读的，街区是适合漫步的，公园是最宜休憩的，市民是遵法诚信文明的，城市始终是有温度的。上海还需要持续不断地更新，既要继续进行物质性的更新，也要实现非物质性的更新。包括建设文化设施（如博物馆、美术馆、歌剧院、图书馆、文化公园等），工业和仓储用地的转型，留出未来发展的用地，开放黄浦江和苏州河滨水公共空间，以发展韧性城市和低碳城市为目标，构筑生态空间和公共空间体系。

郑时龄

同济大学教授，中国科学院院士

同济大学建筑与城市空间研究所所长

法国建筑科学院院士

美国建筑师学会资深会员

2018 年 11 月 15 日

序 2 持续更新的城市——东京

　　株式会社日本设计（以下简称"日本设计"）是由参与日本第一栋超高层建筑——霞关大厦设计的核心技术成员于 1967 年创立的一家以技术著称的建筑设计集团。虽然它是以建筑设计人才为核心的公司，但在公司创立之初就成立了独立的城市规划与设计部门，由城市规划专业人才和建筑设计师强强联手，共同实施大型项目的操作。这在当时的日本还十分罕见。迄今已有超过 50 年历史的日本设计，见证并参与了东京城市更新的历史。

　　本书的出版得到了同济大学建筑与城市空间研究所的大力支持，在此向有关人士表示深深的感谢，并衷心希望本书能够在中国各地的城市更新中得到借鉴和参考。

　　从 1955—1973 年，日本经历了长达 18 年的经济高速增长期。1955—1965 年的十年间，处于经济高速增长期前期的东京，虽然已从战争的废墟中恢复了重建，但是交通设施、公共建筑等城市基础设施尚未完善，存在许多房屋低矮老旧、街道狭窄的地区，城市功能和人居环境亟待改善。但是，城市的快速发展带来各种城市环境问题，社会各界逐渐意识到解决这些问题的重要性。

　　在这样的时代背景下，依据"特定街区制度"打造而成的日本第一栋超高层——霞关大厦于 1968 年竣工并投入使用。之前，作为地震大国的日本曾经明令禁止建设高度超过 31 米的建筑。霞关大厦的高度虽然只有 147 米，但成功开启了日本的超高层建筑时代。此后，以霞关大厦为蓝本，东京开展了多个城市更新项目的建设。让建筑向高空发展，可以在地面获得更多的开放空间，为市民提供相对宽阔的广场和绿地，让人们享受休闲带来的快乐。

　　以 1969 年出台的《城市更新法》为契机，城市更新迅猛发展，这段时期被称为日本城市更新的黎明期。1965 年，位于新宿站西侧的淀桥净水厂迁出，确定在其原址上建设城市副中心的计划。在 1.5 公顷的出让土地上，一幢幢由民营企业开发的摩天大楼拔地而起，京王广场酒店、新宿三井大厦等超过 20 栋超高层大厦在此汇聚。

　　根据 1974 年竣工的新宿三井大厦的设计人员回忆，为了实现今天的建筑布局，他们付出了极大的努力。由于连接车站的主要动线道路位于基地南侧，当时人们普遍认为应该在其附近布置办公楼入口，同时顺应业主的要求。但是，设计师强烈主张在阳光充足的建筑南侧布置广场和绿地，而将建筑放在基地的最北端。设计师和客户一起参观了芝加哥和纽约，发现摩天大楼底部空间的设计大多不太理想，于是说服业主高层领导，决定携手打造一座建筑底部空间环境在世界上首屈一指的顶级超高层大厦，新宿三井大厦室外场地（下沉广场）由此诞生。设计师还提出，这个广场是人们走出新宿站西口，穿过隧道，与地面上的摩天大楼相遇的重要节点，因此在设计上要予以充分重视。为了营造绿意盎然的空间氛围，在略低于道路标高的地方种植树木，让路上的行人看到的不是光秃秃的树干，而是枝叶繁茂的绿色美景。注重环境营造的设计理念融入了"日本设计的DNA"，深植于每一位设计师的心中。2014年竣工的虎之门新城和2017年竣工的赤坂一丁目再开发项目也传承了这一理念。

新宿副都心的开发也是东京初期TOD（公共交通导向型开发）项目之一。在日本，城市发展的历史始终与轨道交通发展的历史相伴。日本在20世纪60年代后期开始实现机动化，有轨电车逐步退出历史的舞台，地铁的发展促进了以公共交通为中心的社会系统的确立。今天，东京有86%的人乘坐轨道交通上下班。虽然上海的地铁总长度超过了东京，但就市中心的地铁线路密度而言，东京还是遥遥领先。在东京市区的大型城市综合体开发项目中，只要将地下通道稍做延长，就可以与地铁车站直接连通。

2018年9月竣工，在本书中简要介绍的包含日本桥高岛屋三井大厦在内的日本桥二丁目再开发项目，对该区域地下连通和城市公共空间等方面实现了大规模的优化和改善。项目的开发还对2009年被列为日本重要历史文化遗产的高岛屋日本桥店（建于1933年）进行了保护，并在其东侧和北侧新建了商办综合体，形成了新老建筑相互映衬的当代城市景观。日本桥在江户时代作为水上运输和陆路的起点，是日本物资集散的商业中心，为了保留这段历史记忆，在开发的同时兼顾了历史建筑的保留与保护。希望本书介绍的保留了三井总部大厦（历史建筑）的日本桥三井大厦项目的成功经验能够为读者提供参考和借鉴。

日本城市更新的相关制度十分复杂，不同项目的社会背景和地区特性各不相同，每个项目独具特色。本书以此为基础，通过一个个真实的案例回顾了东京近50年来城市更新的历史。关于从17—19世纪，从江户、明治、大正、昭和时期，直至21世纪平成年代的东京城市形成过程，本书选取了关东大地震灾后重建、战后重建、交通基础设施建设和超高层建筑建设等富有时代特色的现象，按照时间顺序，详细阐述了作为基础的城市规划相关法律法规和制度变迁。多数案例是日本设计参与的城市规划和建筑设计项目，希望读者能够通过这些案例了解东京城市更新的形式和背景。

伴随人口激增的郊外新城建设，新宿、池袋等副都心的再开发，铁路主要站点附近的综合开发，城市中心区内的工厂和调车场等大型设施遗留旧址的开发，东京城市更新的主题随着时代的发展而不断变化。如今，东京市内大量中小型建筑老化问题严重，正面临重建。因此，东京市区的单个地块或者跨越多个地块的再开发，包括交通、能源设施在内的城市基础设施建设的一体化综合设施开发成为人们关注的焦点。正如书中所提到的，日本的城市更新项目通常十分复杂，它的成功实现，与有关各方建立共识、达成协议所需的时间要素，资金、资产相关的项目要素，城市建设相关的环境要素等众多要素与适用制度之间的相互作用密不可分。城市更新项目一般会持续很长时间，项目进展受到周边经济环境的影响，仅仅因为必要性的改变，导致项目被迫停滞的情况也不在少数。

虽然在城市的形成过程和结构方面，中国和日本大相径庭，但是，全世界的人们对于现代城市在安全、舒适和便捷度的要求都是相通的。中国的城市未来还将持续发展，相信东京所经历的旧城改造、城市更新一定会给中国的城市发展带来启示。中日两国的读者都可以对书中提及的案例进行实地探访，欢迎大家根据自己的切身感受，向我们提供宝贵的意见。

最后，衷心感谢同济大学建筑与城市空间研究所的郑时龄院士和沙永杰教授为本书的企划、调研和执笔撰写所付出的巨大努力。我们真诚地希望本书能够为中日两国致力于城市规划和城市设计的人士提供帮助，为两国城市的持续健康发展作出贡献。

千鸟义典
株式会社日本设计社长
2018 年 10 月 17 日

目 录

第 1 章
东京的形成演变过程、城市规划管理与城市再开发项目机制

岗田荣二

1.1 东京是一座持续更新的城市

在欧洲，许多中世纪形成的城市结构和城市景观被很好地保留了下来，而亚洲城市的结构、天际线和城市景观却在不断发生变化。这种持续变化的特征在东京[1]尤其突出，城市一直处于更新建设过程之中，面貌日新月异，持续焕发新的活力。

东京古称江户。日本战国时代晚期1590年，德川家康（1543—1616）接受丰臣秀吉（1537—1598）的任命，统治关东地区，江户由此成为关东地区的中心。当时的江户位于武藏野台地延伸至海边的位置，几乎没有可供建设的平整土地。为了以江户城[2]为中心开展大规模城市建设，德川家康下令将部分台地削平，并用削下的土方将江户城外日比谷入江一带[3]的洼地填平，变成可建设用地，形成今天的丸之内、日本桥及周边相连地区。1603年，终结了战国时代并统一日本的德川家康将武士政权的中心"幕府"设在江户城，日本进入江户时代（1603—1867年）。江户城外逐步发展为两类不同等级和特征的城市区域——江户城周边及山手地区[4]分布着武士宅邸和寺院；下町地区[5]则是商人和手工业者聚集地，建筑物以联排平房为主——东京的城市结构由此开始成形。由于江户位于流经关东平原的荒川下游，面临天然良港东京湾，地理条件得天独厚，周边地区农业、渔业和水运发达，为城市扩张提供了充足的支撑条件，因此，其迅速发展为拥有百万人口的城市。

1868年，日本明治时代（1868—1912年）开始，天皇从京都迁至东京，在江户城旧址建设了皇居，江户更名为东京，成为日本名副其实的首都和政治经济中心。东京由此进入真正意义的现代化发展进程，从一个挤满了狭窄街巷和木结构房屋的城市逐渐演变为繁华的国际大都市。

东京城市发展过程中，轨道交通的发展始终引领城市结构的更新。始建于19世纪80年代，1925年形成环路，全长约34.5公里的山手线[6]奠定了东京中心城区最基本的城市结构，影响深远。随着以山手线为核心的日本国有铁道（简称"日本国铁"，1987年改革重组为今天的"日本铁道"）[7]客运网络逐渐发展，由七家民营铁路公司基本在同一时期建设的轨道线路以山手线沿线枢纽站点为始发站延伸至郊外，促成郊区的快速城镇化，而山手线环绕的中心城区则被都电（地面有轨电车）[8]网络覆盖。很显然，东京的城市发展与轨道交通网络和站点关系密切，轨道交通建设与城市开发项目相互依赖的特点十分明显。

相比之下，东京在城市道路网络建设方面的成绩并不突出。土地是个人私有财产的观念在日本根深蒂固，单纯从土地所有人手中收购土地用于道路建设的实施途径（日本"街路整备事业"[9]规定的途径）在征地环节上需要花费大量时间，而且常常难以推进。因此，将实施规划道路与提升相关建设用地价值相结合的政策成为主导方向，主要体现为"土地区划整理事业"和"市街地再开发事业"两种实施模式（参见下文详细阐述），以此推进东京的规划道路网络逐步实施。即使如此，截至2016年底，东京城市规划道路的完成率也只达到63%，预计还需数十年才能全部完成。

东京各个发展阶段都有一些重要建筑项目，这些重要建筑项目形成的"系列"也能反映出东京持续更新的特点。位于东京站前的丸之内大厦（1923年竣工）和位于日本桥地区的三井总部大厦（1929年竣工）都是日本近代建筑的代表作品，体现20世纪20年代日本建筑在样式和抗震结构方面的最高水准；20世纪30年代，根据《政府建筑集中建设规划》，在霞关地区（位于皇居南面）建成一批中央政府部门办公楼建筑，其中最具代表性的是日本国会大厦（1936年竣工）；20世纪50年代，在东京中心城区的丸之内、大手町、八重洲、日本桥、京桥、新桥和虎之门等重点区域，通过民间力量开发也逐渐形成商务办公聚集区；1968年竣工的霞关大厦标志着东京进入超高层建筑开发时代；从1965年制定规划到1991年东京都政府迁入，新宿副都心[10]区域从一片净水厂用地转变为超高层建筑街区；20世纪80年代起，在六本木、赤坂和大崎等地出现了大规模建筑综合体城市再开发项目；20世纪90年代以后，原日本国铁持有的车辆检修和货运车站等用地也进行了大

1."东京"在不同尺度下有不同的所指，通常指日本行政区划的东京都，或指"东京都区部"（日文表达方式，指东京都下辖的23区范围，可中译为"东京市区"），甚至有时泛指东京都及周边卫星城市群相连而成的"首都圈"（日文表达方式，可中译为"东京都市圈"）。本书中东京一词主要指东京都区部，即东京市区。东京市区的中心部分被称为东京都心区域，即东京中心城区，相当于上海中心城的内环以内的部分。
2.江户城是领主和高等级武士专用的城堡，有城墙和护城河环绕，而低等级武士、手工业者和商人则分布在围绕江户城建设的街区内。概括而言，江户是由江户城和城外的街区（日文称为"城下町"）组成的，江户城是统治中心，也是整个城市区域的形象标志。
3.日比谷入江一带指当时江户城外至东京湾的范围，是伸入陆地的浅海湾和滩涂。
4.山手地区指武藏野台地的端部区域，因台地端部形似手指分开而得名山手。
5.下町地区指隔田川和荒川等地势较低的冲积平原地区。
6.山手线（轨道交通环线），也称JR山手线，串连起代表东京城市中心的东京站和新宿、涩谷等若干副都心，环线所围合的以及环线上各个副都心所涵盖的范围就是所谓的东京都心区域，或称为东京中心城区。JR山手线一直是东京都心区域最重要的公共交通线路，位于环线各个枢纽站点位置的若干副都心都有各自鲜明的功能、城市形态和文化氛围特征。
7.日本国有铁道（Japanese National Railways，简称JNR）是今天的日本铁道（Japanese Railways，简称JR）的前身。日本铁道包括7家公司，各家公司的名称均以JR开头，如JR东日本和JR东海等。日本铁道的运行线路也均以JR开头，如由JR东日本运营的JR山手线，JR中央线和JR总武线，本文中的山手线即为JR山手线。
8.都电指山手线围绕的东京都心区域的有轨电车，后来被都营地铁和民营地铁取代。
9."街路整备事业"（日文表达方式）的意思相当于城市道路规划与建设的相关法规。
10.新宿副都心也被称为"西新宿"。

规模再开发，形成品川和汐留等新的商务办公聚集地。这种大规模城市再开发趋势一直持续至今。

为了迎接 2020 年东京奥运会和面向更远的未来，东京将持续推进城市更新。东京中心城区的一些重要地段，包括丸之内、大手町、八重洲、日本桥和京桥等地，1945 年以后建设的大量建筑都面临重建和改造需求，将涌现出一批新的超高层再开发项目，东京城市面貌将持续改变，城市能级也将不断提升。

1.2　东京的形成演变过程

1.2.1　用木头和纸建造的城市

东京的建筑在明治时代以前都为木结构建筑，即使今天，大部分独立式住宅仍是木结构建筑。日本 80% 的国土被森林覆盖，木材资源丰富，木材和以木材加工的纸（用于日本传统建筑室内的推拉隔断）自古以来是日本的主要建筑材料。在江户时代的东京，武士宅邸的屋顶使用瓦片，而出于经济原因下町地区的商人和手工业者的住宅，屋顶用木片覆盖。由于下町的建筑密度极高，一旦发生火灾，火势会迅速蔓延，整个街区很快会被烧为灰烬。因此，发生火灾时，除了拆除失火建筑周围的建筑，形成隔离带阻止火势蔓延外，没有其他更好的办法。

1868 年明治维新之后，日本走上打开国门的近代化道路。1872 年，东京重要商业街区银座发生特大火灾，共 4874 栋建筑（总建筑面积约95 万平方米）被完全烧毁。通过银座灾后重建，东京开始推行不燃建筑材料，并在建筑外观上采用西方建筑样式，在日本近代建筑史上有重要影响的"银座砖瓦街"由此产生。此外，明治时代推行的"殖产兴业"等政策取得了成效，进入大正时代（1912—1926 年）后，为了将东京建成能与西方发达国家重要城市相媲美的大城市，日本政府进一步加大了东京建设力度。1914 年，砖瓦造建筑东京站建成投入使用，随后，在东京站前至皇居之间的土地上，即今天的大手町、丸之内和有乐町 3 个片区组成的区域（简称"大丸有地区"）[11] 迅速建成日本第一个商务办公区。1923 年，钢筋混凝土结构的丸之内大厦竣工，这座 9 层 31 米高的大厦在尺度和风格上奠定了第二次世界大战前大丸有地区的建筑基调，其后的建筑都统一为 31 米高度，形成整齐划一的商务办公区。

从建筑发展的角度看，明治时代和大正时代东京城市演变可以概括为不燃建筑材料逐步取代木材和纸质建筑材料的进程。

1.2.2　土地私有制与日本人强烈的土地所有观念

土地私有制是影响日本城市开发和城市演变极其重要的因素，日本法律承认个人的土地所有权，日本大部分土地归个人或法人所有。大多数情况下，私有化的土地非常零碎，且权益关系复杂。

明治时代之前，日本全国的土地，无论农村还是城市中的各类土地，都归幕府或地方领主所有。1873 年（明治六年）日本实施了名为"地租改正"的土地制度重大改革，个人土地所有和买卖得到法律认可。于是，无论在农村还是城市，居民可以被划分为拥有土地的地主（土地所有人）和租赁土地或房屋的租户（相关权利人）两大类。随着土地的买卖、继承和分割等各种情况不断发生，土地所有人一直处于变动状态，大大小小的土地所有人和租地或租房的相关权利人的情况越来越复杂。在日本，无论农村居民还是城市居民，希望拥有土地的观念根深蒂固——从上一辈继承了土地的人要继续守护和传承这块土地的意愿极其强烈，而没有土地的人则渴望有一天能拥有自己的土地。

从土地的角度看，东京城市演变可以说是土地利用逐步由零碎化到集约化，土地利用效率不断提高的进程——本书案例大都体现出这种演变特征。

1.2.3　关东大地震与灾后重建

1923 年的 9 月 1 日，东京和横滨发生 7.9 级大地震，即日本历史上著名的关东大地震。地震引发的火灾使东京从中心城区到下町地区遭到毁灭性破坏。包括银座、日本桥在内的几乎整个中央区被烧毁，火灾还殃及千代田区、文京区、台东区、墨田区和江东区 [12]，东京共 38.36 平方公里的城市区域在这次灾害中焚毁殆尽。

针对灾后重建工作，日本政府要求将"防控地震次生火灾蔓延"作为规划建设的重点，并以这次东京灾后重建为契机，形成了沿用至今的土地区划整理事业法规。依据这一法规，规划建设比较宽阔的城市道路，成为阻止火灾蔓延的隔离带；同时，规划建设的城市道路呈比较规则的网格状，位于网格之内的用地也重新划分，划分形式趋于规整；基于新的路网和土地划分，上下水、燃气等市政设施也得以完善。关东大地震的受灾范围全部按照这一制度进行了重建，今天东京中心城区内相当大比例的路网都是这次灾后重建建成的。可以说，依据土

---

11. 由大手町、丸之内和有乐町 3 个片区组成的大丸有地区是日本最重要的 CBD（中央商务区）。这片原属于政府的土地于 1890 年出让给民营企业。丸之内是大丸有地区的核心，面积约 30 公顷，在有关东京的研究文献中，以"丸之内"指代"大丸有地区"的情况也十分普遍。
12. 中央区、千代田区、文京区、台东区、墨田区和江东区都是东京都下辖的区。

地区划整理事业法规开展的关东大地震灾后重建对东京中心城区及部分下町地区的城市空间结构转变——从江户时代的特征转变为当代城市特征，具有重要意义。

关东大地震灾后重建也促进了日本集合住宅的发展。灾后重建时期，日本政府利用世界各国的赈灾捐款设立公共法人"同润会"，在东京的代官山和表参道等地建设钢筋混凝土结构的多层集合住宅（被称为同润会公寓），倡导新的城市生活方式。第一期推出的同润会公寓共有包括代官山在内的 16 个选址，广受社会欢迎。同润会之后历经发展——从"日本住宅公团"到"住宅·都市整备公团"，再到"都市基盘整备公团"，发展为今天的"都市再生机构"（也被称为"UR 都市机构"）[13]，成为日本城市更新领域国家层面的重要机构。东京都住宅供给公社等地方性机构也大力推进建设混凝土结构的集合住宅这项重要国策。由此，原本普遍希望个人拥有土地，建造独立式住宅的传统观念开始发生转变，住宅小区和集合住宅的概念逐渐被接受。

1.2.4 第二次世界大战后的城市重建

1945 年，东京遭遇了第二次世界大战后期的空袭，再次沦为焦土。战争结束后，东京开展战后重建。虽然曾提出过理想化的规划方案，但由于经济等方面的原因，这轮城市重建仍主要按照土地区划整理事业法规开展，东京的城市路网和街区建设逐步完善，形成接近于今天的城市格局。新宿歌舞伎町和港区麻布十番等特色商业街区的路网和基础设施提升也是通过这一轮重建实现的。而战争中有幸未遭空袭的地区则大多仍保持着道路狭窄、木结构建筑鳞次栉比的状态，防灾能力一直没能提升，成为今天"木结构建筑密集地区改良事业"等国库补贴计划的资助对象，等待城市再开发机会。

东京环状 2 号线（新桥至虎之门区间）等重要城市道路虽然在 1950 年进行过规划变更，将路幅由 100 米改为 40 米[14]，但在其后 50 多年里，由于土地权属问题，有些路段一直未能实施。直到 2014 年，依据市街地再开发事业法规，将超高层大厦虎之门新城（虎之门 Hills）[15] 与地下交通隧道结合（隧道从超高层建筑下方穿过），使环状 2 号线这一区间实现贯通。

1.2.5 铁路时代与经济高速增长期

20 世纪 50 年代中期，随着经济恢复发展，日本确立了以四大工业地带[16]为主，大力发展钢铁生产、汽车制造、石油化工等国家支柱产业，实施工业立国政策，同时开展加工贸易。由此，日本进入长达近 20 年的经济高速增长期[17]。这一时期，东京依托城市轨道交通（主要是地面铁路）网络建设迅速发展扩张。经济高速增长期的东京城市轨道交通网络主要由三部分组成：一是日本国有铁道（JNR）的山手线、中央线和总武线等奠定东京城市整体结构关系的线路，1987 年日本国铁实现私有化改革，重组为今天的日本铁道（JR），线路整体格局不变；二是民营铁路公司建设的以山手线沿线各枢纽站点为始发站呈放射状向郊区延伸的线路，民营铁路公司在日本国铁未覆盖的地区开发房地产，并将这些地区与东京中心城区连接；三是都电在山手线围绕的范围内形成比较发达的有轨电车网络[18]，有轨电车网络在 20 世纪 60 年代末被都营地铁和民营地铁[19]线路取代，并实现与民营铁路无缝衔接[20]。由于轨道交通网络发达，日本经济高速增长期的前 10 年里就奠定了以公共交通为主的大众出行方式，而私人汽车的普及则到 20 世纪 60 年代才开始，这对城市发展的影响深远。此外，由于铁路运输的恢复比建设公路更快，日本第二次世界大战后的重建和高速增长期的陆路货物运输主要依靠铁路。城市轨道交通网络的完善为全面实施城市开发提供了支撑，20 世纪 50 年代中期以后，在东京中心城区的大手町、有乐町、日本桥、新桥和虎之门等重要区域，包括银行和各类企业的总部办公楼和面向中小企业的出租商务楼在内的各种商务办公楼开发项目全面开展。

在经济高速增长期的前 10 年里，为了迎接 1964 年东京奥运会，东京城市交通基础设施建设加速发展，建设了三项代表性的主要交通工程，大大提升了东京城市交通能力。一是首都高速公路（收费高架道路）建设——为了满足奥运会交通需要，1960 年 12 月确定了 5 条总长 32.9 公里的高架道路建设计划。为了在短时间内建成通车，政府决定尽可能减少征地，最大限度利用现有道路、河流或运河的上空建

---

13. 都市再生机构（Urban Renaissance Agency，简称 UR）是日本政府于 2004 年设立的推进日本城市更新的独立行政法人特别机构，直接受国土交通大臣管理，兼具政府管理和企业运作双重角色，对 21 世纪以来的日本城市更新产生巨大推进作用。作为项目主体或指导协调机构直接主持实施或推进实施城市再开发项目。作为其前身的"日本住宅公团"等机构意义重大，值得中国专业人员做深入专题研究。
14. 1946 年东京环状 2 号线规划确定新桥至虎之门区间的道路宽度为 100 米，因实施操作难度过大，1950 年进行规划变更，将道路宽度改为 40 米。
15. 虎之门新城再开发项目的日文名称为"虎之门 Hills"，包含英文单词。在日文语境中，英文单词有时以日文片假名形式书写，表示外来语。
16. 四大工业地带指日本的京滨、中京、阪神和北九州工业地带。
17. 日本经济高速增长期通常指从 1954 年 12 月至 1973 年 11 月的 19 年时间。
18. 都电有轨电车网络 1955 年的运营线路长度达 213 公里，拥有 40 条线路，每天客运人次约 175 万。
19. 东京地铁系统由都营地铁线路和民营地铁线路共同组成，都营地铁由东京都政府负责管理的四条线路组成，统称都营线。
20. 地铁和民营铁路这两类轨道交通公司的轨道实现连通，不增加新的轨道，通过共用轨道并延长既有轨道交通线路运行长度，大大减少枢纽站的换乘客流，提升公共交通网络的运行效率和方便度，即下文所述的"直通运行模式"。

设高架道路。这些快速建设的高架道路也带来一些遗憾，如：作为日本道路原点标识和近代建筑重要作品的日本桥（双拱石桥）从此被遮挡在高架道路的阴影之下。二是东海道新干线建成通车——日本政府于1957年组织专门委员会研究日本国铁东海道线（连接东京与名古屋、京都和大阪）运输能力提升对策，决定建设新干线。连接东京和大阪的东海道新干线1959年开工，1964年建成通车。三是东京国际机场和高架单轨电车建设——1931年投入使用的东京飞机场在第二次世界大战后由盟军接管，1952年交还东京政府，经过跑道和候机楼等改造建设，更名为东京国际机场（今天的东京羽田国际机场）。同时，为了解决羽田机场与东京中心城区之间交通拥堵问题，修建了高架型的东京单轨电车，线路长13.1公里，1964年竣工通车。

进入20世纪60年代，东京的地铁网络逐步完善，私人汽车的普及度也大大提高，地面有轨电车的使用人数逐步减少，至1972年，除一条保留线路[21]外，其余线路全部废除。

1.2.6 超高层时代的开启与新宿副都心建设

20世纪60年代，日本的产业结构开始从以第二产业为主体向发展第三产业转型。1959年制定的《首都圈市中心区域工业限制法》促使位于东京中心城区的众多工厂逐步搬迁出去。1964年东京奥运会促使东京城市交通能力大幅提升，进而促进东京的经济中心地位日益增强，对办公建筑的需求随之不断扩大。当时存在建筑高度"不得超过100尺（31米）"的绝对限高法规，至20世纪60年代中期，日本没有超过31米高的建筑物。由于日本地震频发，经历过关东大地震等重大灾害，当时的民众普遍认为在日本很难建设超过100米的超高层建筑。然而，在经过建筑结构专家和施工企业的研究论证后，采取了通过地震中结构体的弹性变形来吸收地震能量的解决方案，并结合一系列具体设计和施工技术手段，日本第一栋超高层大厦霞关大厦于1968年竣工，开启了日本超高层建筑的时代。

配合建筑技术的进步，绝对限高法规被废除，改为通过确定容积率上限控制建设项目规模，并明确在1964年《建筑基准法》和1965年《城市规划法》的修订中。同时，针对超高层建筑开发项目建立了"特定街区制度"——对提供公共空间等改善城市公共环境的建设项目给予容积率奖励。霞关大厦是第一个通过这项制度获得容积率奖励的超高层建筑。

同时，随着办公楼需求量的日益增长，建设城市副都心的计划也

---

21. 这条保留线路是都电荒川线，该线路大部分是专用铁路，对城市路面交通的影响很小，因此得以保留。

开始实施。东京都政府将距离新宿站西口步行 6 分钟的淀桥自来水厂搬迁至郊外，腾出土地用于建设新宿副都心，1965 年推出新宿副都心规划方案，规划建设包括路网、公园、连接新宿站的步行系统以及可供建设超高层项目的 11 个大街坊。至 1991 年东京都政府迁入该副都心，近 30 年时间里，这里从一片净水厂发展成为超高层集聚、具有全球知名度的商务办公区。

1.2.7 TOD 模式主导的东京城市开发

在东京等日本大城市中，重要的城市再开发项目几乎全部位于轨道交通站点区域。可以说，在日本，几乎所有的城市再开发项目都是 TOD 模式，非 TOD 模式的再开发项目极少。

日本 TOD 模式的出现可以追溯到 20 世纪 10—30 年代，是由民营铁路公司开创的房地产开发模式。当时，小林一三在关西地区创立阪急电铁，通过建设轨道交通进行郊区房地产开发，涩泽荣一和五岛庆太在东京地区创立东急电铁也开始从事同样的开发。民营铁路公司先行收购铁路建设用地以及铁路沿线的住宅开发用地，铁路和站点建设先行，并在中心城区的换乘枢纽站建设大型百货商店，在位于郊区的站点配套建设娱乐设施，然后在铁路沿线站点周边区域进行住宅开发。这种模式被其他民营开发商广泛效仿，为东京的城市扩张、人口聚集和企业发展提供了强有力的支持。

虽然日本在经济高速增长期后半程私人汽车普及程度提高，但 TOD 模式仍然是城市开发和再开发的主导模式。直至今天，与容易受到道路交通状况影响的私人汽车相比，日本人更倾向于利用能够准确把握时间的轨道交通。加上中心城区停车场数量不足，停车费昂贵，日本企业通常会提供员工通勤的公共交通费，因此绝大多数上班人员会乘坐公共交通。在东京，上班人员和学生乘坐轨道公共交通的比例高达 86%。新宿站（含该枢纽站范围内所有车站）日均乘客人数达 350 万，池袋站日均乘客人数达 250 万，东京城市公共交通的服务能级由此可见一斑。

在日本，由于城市轨道交通的绝对主导地位，房地产开发项目选址更加趋向于轨道交通站点位置，距离轨道交通站点的步行时间和周边可利用的公共交通资源情况成为市场评判开发项目最重要的因素之一。就商业设施而言，在日本大城市中，紧邻车站是理所当然的选址，而在其他国家的大城市却并非如此。

1.2.8 利用民营资本和 TOD 模式，实现大规模土地利用转换

1990 年前后，日本郊区高速公路沿线开发了许多大型购物中心和奥特莱斯，引发中小城市内传统商业街的衰退，成为一个受到广泛关注的社会问题。由这个问题产生的社会共识是，在老龄化加剧和人口不断减少的当今日本社会，让人们在利用公共交通的同时能够轻松购物的 TOD 商业设施模式应该被延续和加强。近年来，日本城市对 TOD 模式的认识进一步加强，在东京，改善与轨道交通站点的连接动线成为城市再开发项目的基本原则。

与此同时，20 世纪 80 年代后期，日本国有铁道的民营化和消除大量赤字成为当时日本政府面临的重要问题。政府将品川车辆基地旧址和汐留货运站旧址等原日本国铁的土地经过清算出让给民营企业，并制定激励政策，刺激民间资本进行大规模的城市开发，以提振经济。针对大规模土地再开发制定的"再开发地区规划制度"[22] 根据再开发项目提供的城市公共空间和对城市公共交通流线的贡献给予容积率奖励，大大提升了民营资本开展大规模开发项目的积极性，实现了品川站东口开发（2003 年竣工）和汐留地区整体开发（主要部分 2004 年竣工）等当代 TOD 模式经典项目。利用民营资本开展的一系列大规模城市再开发项目强有力地提升了东京的国际竞争力，但同时，由于对土地升值预期过高，导致其他各类土地投机交易过度膨胀，成为日本泡沫经济[23] 的重要因素之一。

1.2.9 泡沫经济之后的城市更新趋势

泡沫经济之后东京城市更新体现出两个主要趋势：一是城市公共交通的便捷性不断提高；二是城市再开发项目转向务实和聚焦城市重点区域，以创造社会优质资产为导向。

超过 1000 万人每天进出东京中心城区上班或上学，其中包括 30% 以上来自东京都周边的神奈川县、埼玉县和千叶县的人流。这些人流典型的通勤方式是从家出发步行或者乘坐公交巴士前往离家最近的轨道交通车站（这些车站大多为民营铁路车站），乘坐轨道交通抵达中心城区的换乘站（民营铁路终点站与 JR 线路或地铁线路换乘站）换乘山手线或都营地铁线路等覆盖中心城区的线路，到达各自目的地。因此，东京早晚高峰时段的轨交车厢内异常拥挤，各个换乘站的月台、通道和楼梯内人流密集。为了解决换乘车站内人满为患、拥挤混乱的问题，各家民营铁路公司与地铁合作，逐步增加"直通运行模式"，即地铁线路可以与民营铁路线路共用轨道，以减少人流拥挤的换乘环节。有赖这种举措，从东京目黑区的自由之丘到新宿副都心上班的通

勤时间从 25 分钟缩短至 14 分钟。目前，各家铁路公司仍在努力进行网络重组和改良车站换乘动线，通过增加直通运行模式进一步提升城市交通便捷性。

东京在泡沫经济之后的城市再开发项目转向注重城市发展实际需求，选址集中在城市重要区域（都是 TOD 模式），基于需求进行再开发，并将开发建设、运营和维护相结合，确保实现能长期持有的优质社会资产。进入 21 世纪后，六本木 Hills[24]（2003 年竣工）和东京中城[25]（2007 年竣工）等大型城市综合体项目落成，台场地区也建成一批全新的办公楼和商业设施。在丸之内地区，在原址上拆旧建新的超高层建筑丸之内大厦 2002 年竣工，带动该地区再开发项目陆续开展。以往丸之内地区只有办公功能，非工作日时间十分冷清，如今，随着丸之内主要街道仲街沿街商业改造，带室外座位的沿街咖啡馆等业态多样化发展为丸之内地区带来全新面貌。2012 年，东京站历史建筑复原修缮工作完成，也为这一地区增加了活力和标志性。以 2020 年东京奥运会为契机，东京中心城区各个重要区域内的很多建筑都将进入重建时期，通过务实和高质量的城市再开发项目，东京城市更新将持续发展，城市综合能级也将持续提升。

1.3 东京的城市规划管理

1.3.1 东京城市形态的"图"与"底"

从东京上空俯瞰，若干超高层建筑聚集区域和大面积建筑高度相对较低的区域之间差别十分显著，二者通常被形容为东京城市形态的"图"与"底"。大丸有地区、新宿副都心、大崎、品川，以及六本木 Hills 和东京中城一带聚集着超高层建筑群，明显高于周边街区，形成东京城市形态中"图"的部分。在大量被称为"底"的区域，虽然整体相对较低，但也存在明显的建筑高低分布特征——城市主要道路两侧排列着高度 45 至 100 米的公寓及办公楼，而主要道路围合的大街坊内部则是低矮的建筑。东京的这种城市形态特征是由城市规划所决定的，最重要的一点是，对不同城市功能区域采用各自对应的容积

---

22. 这项制度现名为"设定再开发促进区的地区规划制度"。
23. 一般是指日本 1986 年 12 月到 1991 年 2 月期间的经济现象。
24. 六本木 Hills 是再开发项目的日文名称，由日文汉字和英文单词组成，在日文语境中，英文单词有时以日文片假名形式书写，表示外来语。该项目名称在中文资料中通常被译为"六本木之丘"或"六本木山"。为了便于与日文文献对照，本书中采用该项目的日文名称写法。该项目总建筑面积近 76 万平方米。
25. 东京中城是再开发项目的日文名称，项目总建筑面积近 57 万平方米，位置邻近六本木 Hills。

率控制，以容积率凸显城市重点功能区域的能级标准。

"图"的区域是大规模高强度开发区域，但有条件进行这类开发的城市区域在东京十分罕见。新宿副都心的主体部分（原净水厂范围）、品川站东口开发、汐留地区整体开发和东京中城的用地都是原属于政府的土地，丸之内地区最初也是政府的土地，19世纪末整体出售给一家民营企业，因而能实施整体大规模高强度开发。东京大部分区域是由众多100～300平方米的分属不同所有人的土地组成的，大多数再开发项目需要将几块或几十块土地整合，涉及的土地所有人数量众多。六本木Hills再开发项目的用地涉及土地所有人和相关权利人有300余人，在政府部门组织协调下，开发商与所有土地所有人和相关权利人经历了相当长时间才达成再开发共识，整个项目历时17年。在新宿副都心原净水厂范围以外的区域，持有小块土地的土地所有人和相关权利人通过成立名为"再开发项目组合"的法人机构，利用市街地再开发事业制度规定的实施模式，将土地集中起来进行高强度开发。新宿副都心范围已有10栋超高层建筑是通过这种模式实现的，本书中大部分案例也是通过依照市街地再开发事业制度实现的，下文将作详细介绍。

虽然"图"的部分备受瞩目，但东京还有很多较小规模的再开发项目发生在"底"的部分，这些相对较小的项目也对改善城市环境，提升工作和生活品质产生重要影响，代官山Hillside Terrace[26]和代官山茑屋书店等是这类再开发项目的代表。

1.3.2 东京城市规划的基本构成

东京城市规划的一系列法规和制度对东京城市形态演变和再开发项目实施具有至关重要的影响作用。概括而言，东京城市规划主要由以行政区划为单位的土地利用规划、城市基础设施规划，以及为推进城市更新而产生的土地区划整理事业和市街地再开发事业三方面组成。在此基础上，为了实现某些范围内的土地利用转换或改变容积率、高度等限制条件，还设立了"地区规划""特定街区"和"城市更新紧急建设区域"等规划法规和制度。

以行政区划为单位的土地利用规划是日本各级行政区划（包括都、道、府、县、市、町、村）针对各自城市规划区域而制定的土地利用规划，在各个行政区划内依据城市化程度等条件进一步细化分区，确定不同

---

26. 代官山Hillside Terrace是再开发项目的日文名称，由日文汉字和英文单词组成，在日文语境中，该项目英文单词有时以日文片假名形式书写，表示外来语。该项目由桢文彦设计，历时30余年分批陆续建成，在中文资料中通常被译为"代官山集合住宅"等。为了便于与日文文献对照，本书中使用该项目的日文名称写法。

分区的定位和土地利用原则，进而明确土地使用性质、容积率、建筑密度、建筑限高等一系列具体规划要求。日本有"商业地区""周边商业地区""住宅地区""中高层住宅专用地区""低层住宅专用地区"等名目繁多的土地利用分类，各自有容积率、可建及不可建功能等具体要求。如果土地所有人不遵照土地利用原则和具体规划要求，将被课以重税。土地利用规划中规定的"高度利用地区"和"市街地再开发促进区域"是为了促进城市更新和城市经济发展而设立的特别区域，容积率限制大大减弱，从而促进这些区域实施市街地再开发事业项目。

城市基础设施规划针对城市重要道路、公园、铁路、港口、机场和水电等市政设施用地，但并不覆盖所有的城市道路和公园。东京的城市规划道路网络主要由首都高速公路（收费高架道路）、放射道路和环线道路三部分组成。位于规划道路范围内的土地在使用上受到严格限制，不得新建地上三层以上和耐火结构的建筑，只能等待下文所述的土地区划整理事业和市街地再开发事业实施时的征地。

为推进城市更新而产生的土地区划整理事业和市街地再开发事业是促成东京实现成片改造更新，大幅提升城市能级的两个重要模式。由于土地私有，从土地所有人手里收购土地用于道路、公园或其他城市基础设施或公共设施建设的难度巨大，因此产生了将规划建设城市各类基础设施或公共设施与提升相关建设用地价值相结合的政策方向，以此实现城市公共利益与私人或民间资本利益共赢，推进东京城市更新持续进行。土地区划整理事业和市街地再开发事业都需要通过容积率奖励制度大幅提升建设项目规模，基于规模再进一步落实具体规划内容。

"地区规划"是针对某个特定城市区域的规划，于 1980 年出台，最初是为了保护和改善居住区环境设立。20 世纪 80 年代后半期，为了转让日本国铁附属土地和推进大规模再开发，多利用地区规划进行土地利用性质转换，并对大规模再开发提出道路和开放空间等方面的规划要求。

"特定街区"是以大幅改善（通常是再开发）现有街区为目的，针对特定范围街区的规划。划入特定街区范围的再开发项目的容积率及建筑高度不受上位既定城市规划及《建筑基准法》的限制，可通过特定的程序另行制定。

"城市更新紧急建设区域"是依据日本 2002 年颁布的《城市更新特别措施法》（日文名称为"《都市再生特别措施法》"）设立的。进入 21 世纪，日本在国家层面推行城市更新政策，意图通过城市更新和聚焦城市重点区域的大规模再开发刺激经济复苏，提升城市竞争力和城市生活质量。因此，日本频繁修订《城市规划法》和《城市再开发法》，并在2002年推出力度更大的《城市更新特别措施法》，大大放宽了可进行城市更新区域、再开发项目主体和容积率等方面的限制条件，尤其支持重要区域的高强度复合功能更新升级。城市更新紧急建设区域可以不受既有规划中关于定位、功能、容积率和建筑高度等规划条件的限制，有较大的自由度，再开发项目具体规划条件由政府部门根据具体情况确定。同时，通过相应的提案制度，有投资意向的开发单位也可以向政府提出设立城市更新紧急建设区域的建议或申请。

市街地再开发事业、地区规划、特定街区和城市更新紧急建设区域等规划法规和制度自20世纪90年代以来促进东京一系列重要区域开展大规模城市更新，涌现出一批新的超高层建筑，进一步增加和加强了东京城市形态中"图"的部分。本书案例主要集中于这一类城市再开发成果。

1.3.3 激励城市更新的重要手段——容积率奖励

为了激励城市更新，日本城市规划管理体系中的土地区划整理事业、市街地再开发事业、地区规划、特定街区和城市更新紧急建设区域等制度均包含明确的容积率奖励措施。容积率奖励是政府推动城市更新建设所采用的最重要的激励手段。

容积率奖励程度根据特定的城市更新实施范围内的具体规划设计而定。具体而言，城市更新特定范围内的建筑布局（建筑高度、密度和退界等）、城市道路和广场、与建筑相关的开放式绿地和步道等公共性要素，以及与城市基础设施建立衔接等方面的规划设计会被客观地量化评估，根据对城市公共环境和基础设施方面的贡献程度确定容积率奖励的量。奖励评估环节会考虑可行性，确保容积率奖励能够兑现为城市公共利益。城市再开发区域和项目的容积率奖励通过城市规划审议会的形式公开进行，并以"城市规划决定告示"的形式给予最终认可和授权。此外，日本《建筑基准法》的"综合设计制度"也对在建设基地设置公共开放空间的项目设定了容积率奖励。

在东京，根据东京都政府制定的城市设计导则等相关法规，公共空间、开放性的绿地、步行平台、下沉广场，以及退界形成人行道等城市规划倡导的做法均能根据政府制定的容积率奖励认定标准和计算公式推算出可获得的容积率奖励。这种容积率奖励已经实现制度化，对刺激民营资本积极参与城市建设，大幅减少政府在城市环境方面的投入发挥重要作用。开发商在研究项目可行性时能够一定程度上预测到可能获得的容积率奖励，从而做出更有可行性的开发项目计划。

1.4 东京城市更新的推进模式

1.4.1 城市更新的利益相关方

东京的城市更新涉及三个主要的利益相关方：一是土地所有人和租地或租房等相关权利人，统称为土地权利人（包括持有土地所有权、租地建房权、租房权、抵押权等各种权利的所有相关人员）；二是政府；三是政府背景的住宅开发机构或民营资本开发商等项目实施主体。

东京大部分土地归个人和民间法人所有，土地所有人自用或出租获益的同时必须承担与土地所有权相关的纳税（固定资产税和城市规划税等）和土地管理义务。东京土地价格高，纳税等与土地关联的费用也高，土地所有人通常会追求土地效益最大化。同时，东京土地细分的情况十分普遍，大部分土地所有人仅持有 1 栋独立住宅或 1 栋底层带商铺的商住合用住宅。虽然有人在东京中心城区以外或郊区持有大片耕地，但继承土地时要缴纳高额继承税，很多情况下只能出售部分土地用于交税，这也促使土地逐渐被细分。由于城市轨道交通发达，商业设施几乎都集中在轨道交通站点周边，轨道交通站点周边的各类转手或再开发项目层出不穷，租用店铺的需求也一直十分旺盛，商业设施改造更新后许多之前的商户重新入驻经营的情况也很普遍。随着时间推移，租地和租房等权利关系越来越复杂，不仅土地所有人，各种情况的租客（租地或租房）也成为影响城市更新项目是否成立的相关权利人，这是东京城市再开发项目普遍面临的状况。将零碎化的土地集中起来开展兼有城市道路等公共设施建设和房地产再开发项目的城市更新需要面对一大批不同情况的土地权利人。土地所有人会强调"从祖上继承的土地不能在自己这一代轻易放手"，租地或租房的相关权利人则强调"在这块土地上苦心经营了 20 年之久，好不容易走上正轨，如果搬迁到其他地方还要从头开始"等各种诉求，与土地权利人达成一致意见的沟通和谈判必然是一个漫长和艰难的过程。

对于政府而言，完善城市基础设施和公共设施是政府推进城市更新最基本的要求，在此基础上通过再开发项目激发城市的经济活力，二者结合，可实现提升城市竞争力的目标。如果按照街路整备事业法规新建或扩建规划道路，在规划道路范围内的土地权利人除了领取补偿金搬迁之外没有别的选择。因为对土地权利人的生活和经营产生严重影响，尤其对医院、餐饮和商铺等更为不利，政府征收土地的谈判环节面临重重难题。在这种背景下产生了土地区划整理事业和市街地再开发事业等城市更新推进模式，并推出以容积率奖励为主的各种激励措施。

在土地细分程度很高的日本，大型城市再开发项目往往会有多位，甚至多达一两百位土地权利人参与，但大型再开发项目仅靠土地所有人的自有资金和技术力量很难实现，因此，寻求开发商参与项目成为通常的操作途径。从这个角度看，再开发项目不仅涉及土地权属的整合，也涉及建成物业权益的重新分配问题。

概括而言，政府推动的一个城市区域的更新必然包含城市公共性内容（包括公共空间和公共设施网络）提升和商业性质的再开发项目两方面内容，城市再开发项目的确立必须以三方（土地权利人、政府和项目实施主体）达成共识为前提。

1.4.2 两种典型的城市更新推进模式：土地区划整理事业和市街地再开发事业

土地区划整理事业和市街地再开发事业都是针对一个城市区域的城市更新推进模式，都涉及三个主要的利益相关方并使其对一个城市区域实现重大提升的意图达成一致，两种模式存在一些相似之处，但区别也十分明显。本书分析的案例大部分属于市街地再开发事业项目。

土地区划整理事业针对明显存在各类问题，需要进行包括路网等公共设施和住宅、办公等建筑物综合改造更新的区域。由于历史原因，这些区域普遍街道狭窄曲折，土地划分零碎且形状不规整，很难利用的零碎化土地归属不同的土地所有人。土地区划整理事业的规划和实施模式是将整个更新区域重新规划路网并重新划分土地，按照新的规划全面重建，形成新的规整路网，并结合道路建设增加公园等公共设施。除了街道和公园等公共设施用地以外的土地被重新划分为比较规整的形式，由各个土地所有人各自建设。这种模式是将改造更新范围内所有地块合并后重新规划与彻底重建，但除了城市公共设施，各个土地所有人仍拥有重新划分后的私人土地。整个区域改造更新后，因为道路和公园等公共设施用地增加，各个土地所有人持有的土地面积会减少，但整体改造更新提升了整个区域的土地利用效率和经济价值，土地所有人重新持有的土地的市场价值并未减少，反而会因土地形状规则和容积率提升等因素而升值。此外，既有土地所有人减持的土地除了用于公共设施建设外，往往还会专门形成一部分所谓"保留地"，是可以转让给第三方（新的土地所有人）的土地，转让这部分土地的资金用于该区域更新所需的部分建设开支，尤其用于建设服务整个区域的公共设施。

市街地再开发事业是日本 1969 年首次颁布的《城市再开发法》中提出的一种城市更新实施模式，针对城市中的老旧木结构建筑集中区域，整合被细分的土地，重新规划建设耐火等级较高、复合功能的公共建筑，并同步实施街道、公园和广场等城市公共设施，使整个区域的土地得以高效利用，并实现城市功能和能级的大幅提升。这种城市更新推进模式早期主要用于建设城市防灾街区和轨道交通车站站前重点区域的开发，1986 年，利用这一模式再开发的 ARK Hills[27] 竣工，产生了广泛影响，市街地再开发事业也由此开始在中心城区被广泛应用。

与土地区划整理事业相同，市街地再开发事业的实施基础是确保土地所有人在城市更新实施前后的资产实现等价交换，且都必须统一规划。不同之处在于，市街地再开发事业的实施是整体化建设，即城市更新范围内的城市公共设施和建筑物再开发同步建设，由一个项目实施主体自始至终推进建设实施。这种模式适用于附带商业设施的公共住宅、大型办公楼、商业设施、文化设施和酒店等综合体再开发项目。

市街地再开发事业原则上仅限在城市规划确定的市街地再开发促进区域、高度利用地区，或属于特定街区和城市更新紧急建设区域指定的区域才能实施。成为这类区域的条件包括：区域范围内的耐火建筑比例较低，土地利用情况明显不合理，提升土地利用效率有助于该区域整体更新等。根据政府对城市更新的规划要求、项目实施主体和土地所有人再开发完成后获得资产权益的形式等因素，市街地再开发事业分为两种类型——"第一种市街地再开发事业"和"第二种市街地再开发事业"。政府对第二种市街地再开发事业实施区域的城市防灾和公共交通等涉及城市基础设施水平的规划要求十分严格，因此第二种市街地再开发事业项目都是由政府部门或公共机构为土地再开发项目主体，再开发建成的物业优先出售给有购买意向的原土地所有人。第一种市街地再开发事业项目则主要由各个利益相关方共同组成的"再开发项目组合"（简称"再开发组合"）为项目主体，根据第一种市街地再开发事业的"权利更换"原则，再开发实施前，项目主体对土地所有人在再开发区域内持有的土地、建筑物和租赁情况进行资产评估，再开发项目竣工后，土地所有人将获得与评估价值等值的"楼板面积所有权"。如果再开发的建筑物是集合住宅，这个楼板面积所有权被称为"建筑物区分所有权"；如果再开发的建筑物是商业设施，则被称为商业出租楼面的"共同持有权益"。[28] 无论楼板面积所有权是区分所有还是共同持有，土地所有权都转变为共同持有。

---

27. 该项目日文名称即为英语单词形式，此处保留其在日文语境中的表述形式。ARK Hills 位于东京都港区赤坂，是包含办公、住宅、酒店、商场和音乐厅等功能的综合开发项目，项目占地 41 187 平方米，总建筑面积约 31 万平方米。

28. 此处的"权利更换""楼板面积所有权""建筑物区分所有权"和"共同持有权益"均保留日文表述方式。

在市街地再开发事业项目中，虽然因城市公共设施用地增加，开发建筑项目的用地会减少，但通过高度利用地区制度和特定街区制度等城市更新激励机制，建筑项目的容积率上限通常会大大提高，确保原土地所有人获得各自的楼板面积所有权后，仍有较多额外的楼板面积，被称为"保留楼板"，即剩余楼板面积。通常将这部分面积转让给第三方，获得部分再开发项目建设资金。

1.5 市街地再开发事业的项目机制

1.5.1 市街地再开发事业项目内容与项目主体

市街地再开发事业项目内容各有侧重点，项目主体表现为多种形式，总的来说，项目主体可以归纳为两类：一是政府部门或公共机构，第二种市街地再开发事业项目完全由这类项目主体负责；二是由利益相关方共同组成的市街地再开发项目组合为主体。第一种市街地再开发事业项目中，根据日本2005—2014年149个该类项目的统计，75%以上由再开发组合为项目主体，而政府部门和公共机构负责的项目约占8%。

市街地再开发事业项目通常涉及以下四方面实施内容，各具体项目往往集中在一或两方面，同时兼顾其他内容，具体项目之间在目标和侧重点上存在很大差异，由此，不同项目的主体也相应不同。

（1）城市主干道和轨道交通站前交通广场的建设，以及轨道交通车站周边地区更新。这类实施内容通常由东京都政府或都市再生机构为项目主体，作为第二种市街地再开发事业项目实施。少数情况下作为第一种市街地再开发事业项目，通过再开发组合推进项目实施，在这种情况下，政府会向再开发组合提供包括人员在内的各项支持和引导措施。

（2）在城市建成区域内增加高质量集合住宅，并综合提升该区域居住环境。这类内容大多作为第一种市街地再开发事业项目由再开发组合作为项目主体，也有以都市再生机构为项目主体的情况。

（3）提升既有商业街区的利用强度，提升该区域的综合能级和城市活力。这类城市更新内容由再开发组合负责，作为第一种市街地再开发事业项目实施。

（4）行政设施、文化设施和公益设施等的建设。这类城市更新内容作为第一种市街地再开发事业项目实施，由政府部门或由再开发组合为项目主体的情况均有。

1.5.2 以再开发组合为主体的项目实施程序

市街地再开发组合是由土地权利人成立的组织，是得到政府认可的法人组织，负责实施第一种市街地再开发事业项目的权利更换和再开发项目建设工作，再开发项目完成后自行解散。再开发组合可以仅由所有土地权利人组成，也可以根据需要由所有土地权利人与开发商共同组成。再开发组合成立后，所有组合成员（包括其中的开发商）成为再开发项目权利人（简称"项目权利人"）。在所有项目权利人达成一致意见的条件下，根据政府的规划意见和规划设计顾问机构提供的方案推进项目实施。

对于土地面积 5000 平方米以上，且满足列入市街地再开发事业促进区域所需条件的区域，该区域内如有 5 位以上的土地权利人共同发起，便可启动市街地再开发事业项目申请程序，提出将该区域列入高度利用地区、特定街区或城市更新紧急建设区域的申请。在申请阶段，土地权利人成立的组织（再开发组合正式成立前的"准备组合"等形式）与政府部门进行沟通，并聘请规划设计顾问公司提供开发建议。

在这个阶段，通常项目发起人还没有雇用规划设计顾问公司的资金，多数情况下由政府部门代为支付前期调查和规划设计顾问费用。如果一个有再开发意向的开发商在这一申请区域内拥有土地所有权或土地租赁权，这个开发商通常会成为再开发项目的主要推动者并主动承担前期规划设计顾问费用。一般情况下，规划设计顾问公司承担的工作来自两个方面：一方面是政府部门委托的再开发项目可行性研究；另一方面，开发商也会委托规划设计顾问进行再开发项目强度的测算分析。因此，规划设计顾问能了解政府和开发商两方面的意图，在此基础上，作为中立方，与土地权利人、开发商和政府部门等方面进行沟通，最终提出各方均能接受的规划设计方案。

如果一个区域申请高度利用地区、特定街区或城市更新紧急建设区域获得政府批准，就已具备成为市街地再开发促进区域的条件。之后，再开发项目将按三个步骤开展实质性的前期工作：第一步是确定市街地再开发事业项目实施区域的城市规划方案；第二步是正式成立市街地再开发组合，并取得市街地再开发事业项目的实施许可；第三步是获得权利更换计划的实施许可。

再开发项目实质性工作一旦开始就很难撤销，正式成立再开发组合之前一定要预先对权利更换计划进行实施模拟。通常做法是聘请商业策划与营销方面的顾问公司进行市场调查，对再开发项目今后的运营管理进行预测及建议，并对项目建成后的租赁收支情况进行模拟验证，确保建成后的各种设施和功能都能得到高效利用，实施健全的运营管理，并有合理收益。在这一过程中要研究的一个重要问题是剩余楼板面积，必须确定这部分面积的转让方式及收益情况，否则无法申请项目实施许可。再开发项目中的剩余楼板面积几乎都是放在住宅的部分，把公共或商业设施部分留作剩余楼板面积的情况极为罕见。根据《城市再开发法》，含有住宅开发的第一种市街地再开发事业项目必须确保都市再生机构和东京都住宅供给公社等政府背景的住宅开发机构优先参与住宅开发的权力。如果这些住宅开发机构无意购买再开发项目中的剩余楼板面积，再开发项目就要寻求购买这部分面积的民营开发商加入再开发组合。这项制度为市街地再开发事业项目能顺利实施提供了保障。

再开发组合正式成立（获得政府批准）后，经过专业测量和评估，确定各土地权利人的资产评估值。之后，根据建筑设计方案、初步设计图纸及工程造价等文件进一步明确再开发项目的总成本，并预测剩余楼板面积的销售价格及各土地权利人能兑换的建成后的建筑面积。至此，权利更换计划被最终确定，再开发项目才能获得政府部门正式批准。

1.5.3 以政府部门或公共机构为主体的项目实施特点

以政府部门或公共机构为主体的再开发项目在前期通常会通过土地权利人沟通交流会等形式宣讲再开发项目相关内容，及时告知土地权利人项目意图、拟采用的规划方案、进展方式和准备情况等。这类项目一般不需要开发商参与，剩余楼板面积的处置办法由政府部门自行研究决定，规划设计顾问公司的任务仅限于调查和规划设计等，但本书中的虎之门新城是一个特殊案例。

作为第二种市街地再开发事业项目，该项目的官方名称是"环状2号线新桥—虎之门地区第二种市街地再开发事业项目"，东京都政府推进该项目的意图是通过立体道路制度实现环状2号线贯通，最初政府关注的重心是城市道路设施。株式会社日本设计作为政府聘请的规划设计顾问参与这个项目的前期工作（其后也成为虎之门新城的建筑设计单位），对该项目推进方式的改变发挥了极为特殊但十分重要的作用。日本设计在与土地权利人开展多次沟通之后发现，"不想迁入普通的8层板式住宅楼""好不容易等到建筑重建机会，在虎之门这样的东京都心一流区位应该建设与之相配的东京顶级大厦"等呼声越来越高。这一发现引起政府部门的高度重视，促使政府部门考虑市政设施建设与建筑开发并重，为该区域城市更新带来更大积极意义的其他途径，最终实施的规划方案由此产生。为了确保新建建筑的高品质，这个项目采用了"特定建设者"制度[29]，在该区域有多个开发项目，并与该区域有深厚历史渊源的森大厦株式会社（以下简称"森大厦"）通过公开招标被选定为特定建设者，成功实施了这个具有双赢特点的项目。

1.5.4 公共补助金制度和税收优惠制度

日本城市大多是在道路建设尚不完善的情况下，随着经济高速发展而迅速发展为今天的状态，木结构建筑密集，抵抗地震和火灾等灾害的能力差，存在各种隐患的情况仍十分普遍。提升存在问题区域的防灾能力，并将其改造为绿化丰富、舒适宜人的现代化街区是日本城市更新的当务之急，市街地再开发事业实质上是为了解决这个当务之急而建立的制度。《城市再开发法》对再开发过程中必然发生的权利更换做出了各种具体规定，确保了权利更换的合理、公正和顺利推进。日本国土交通省为了促进城市更新的推进，建立了公共补助金制度对再开发项目主体进行经济支持，还为权利更换手续中实际发生的交易行为建立了减免税金的制度。

市街地再开发事业项目费用中的部分内容可获得公共补助金，包括：调查和规划设计费用；建筑物拆迁和场地平整费用；建筑施工费用；住宅项目范围内的楼梯、电梯、停车场、消防设施、疏散设施、广场和绿地等公共开放空间的建设费用等。某些项目的公共补助金可达到再开发项目总开支的20%。通过市街地再开发事业项目实施城市规划道路的情况较多，可通过"公共设施管理者负担金"制度，由再开发项目主体代替应负责该道路建设的政府部门实施道路建设，但实施所需的勘察、设计、补偿和施工等一切费用均由对应的政府部门负担。

税收方面的优惠制度包括：在第一种市街地再开发事业项目中的权利更换环节，如更换后的物业使用功能与再开发前相同，可免除转让所得税、注册执照税和合同印花税等。此外，再开发项目竣工后的5年之内可享受固定资产税和城市规划税的减税政策。

1.6 市街地再开发事业的实施情况

1.6.1 项目特性的演变

截至2016年底，日本《城市再开发法》实施48年，全日本已有

---

29. "特定建设者"制度通过公开招标选定民营开发商作为项目实施单位，发挥开发商的专业优势，实施再开发项目规划设计及施工和监理等环节的具体工作。中标开发商获得剩余楼板面积。

806 个第一种市街地再开发事业项目和 37 个第二种市街地再开发事业项目实施完成。

1980 年之前，第一种市街地再开发事业项目的主流是轨道交通站点的站前区域再开发项目，其次是大城市中心城区的商业区域再开发，还包括规划道路拓宽工程及关联的商住两用建筑再开发等。站前区域再开发项目的典型做法是通过步行天桥将车站、站前广场和高层建筑等连在一起，形成当时的综合体建筑，裙房部分设置购物中心等商业设施，高层部分是集合住宅，并引入办公楼和酒店等功能。在较小规模的地方城市，再开发项目的剩余楼板面积通常用于地方政府运营的社区设施和文化设施，将剩余楼板面积作为公营住宅[30]的情况也比较多。

至 20 世纪 90 年代，开发商购买再开发项目中的剩余楼板面积的意向越来越强烈，都希望加入再开发组合。森大厦是最早参与这类再开发项目的开发商，1986 年竣工的 ARK Hills 花费了近 20 年时间才得以实现，但影响深远。

进入 21 世纪，随着开发商逐渐掌握市街地再开发事业项目的实际操作经验，由开发商积极推动，并在再开发组合中扮演主要角色的市街地再开发事业项目逐渐增多。新的再开发项目中，除住宅以外的商业和办公部分需要采用权属共有的方式实现项目一体化管理，才能保障建成项目的高质量运营。为此，开发商推出了设立商业信托、民事信托或专门的运营公司等各种操作途径，同时，这也需要其他项目权利人接受"所有权和使用权分离"的理念。一体化运营管理对商业设施尤为重要。为了能应对激烈的市场竞争，商业设施必须顺应发展趋势不断调整商业策划及运营模式。即使某个项目权利人作为新的商业设施中一个商铺的经营商户，也要与其他商铺的租户在相同条件下进行竞争，如果营业额低于运营机构规定的标准，也会成为劝退对象，以保障整个商业设施的运营效率。在建成项目的住宅部分，为了避免购房入住的新住户和通过权利更换回迁的老住户之间产生摩擦的情况，进入 21 世纪后的大规模再开发项目中出现将住宅分栋建设的趋势，回迁住户和购房住户分别入住不同的住宅楼。

1.6.2 全员同意与一体化管理

以再开发组合为项目主体的再开发项目中，权利更换计划需要全员同意才能进入项目实施阶段，必须获得所有土地权利人的同意，并将所有土地权利人各自具体的权利更换方式明确写入权利更换计划书中。这实质上形成了"共有权属"[31]，但也有一定的自由度，不愿意迁的土地权利人可以选择领取补偿金后搬迁。如何分配项目整体的开发利益，制定切实可行的权利更换计划是再开发项目的关键环节。实践证明，全员同意制度也有局限性，为防止出现因极个别土地权利人的反对而导致多年筹备和反复调整修改的再开发项目无法实施的情况，《城市再开发法》也制定了可以通过其他相关合法程序启动项目实施的具体办法。

随着市街地再开发事业项目不断演变发展，再开发组合中每个项目权利人都需要在一定程度上转变传统思路，从个人所有和个体经营的"分区所有"[32]形式转变为共有权属形式和一体化经营模式，顺应当代再开发项目的发展趋势。为了确保再开发项目商业设施的整体商业策划和业态组合等方面达到最佳运营状态，共有权属形式和专业团队的一体化管理已经成为当前高品质再开发项目获得成功的必备条件，已逐渐被认同和接受。

经历 2000 年以来新一轮的城市更新，东京将以新的姿态迎接 2020 年东京奥运会，并以此为契机将东京打造成为更具魅力的国际大都市。

---

30. 公营住宅是由政府背景的住宅开发机构建设的住宅，在东京，公营住宅主要由三个部门开发建设：东京都住宅局、东京都住宅供给公社和都市再生机构。

31. "共有权属"的权利更换形式指土地权利人通过权利交换可以获得与再开发前持有店铺同等面积的店铺楼板面积份额，而不是获得固定的、范围和位置明确的一间店铺，对整个项目商业设施实施一体化运营管理的专业公司根据原土地权利人持有的店铺面积份额定期支付租金。即使某些原土地权利人要在新项目中经营店铺，也需要从一体化运营管理方租借店铺面积，与其他租借店铺的商户遵守同样的运营管理流程和经营业绩考核标准，这就是所谓"所有权和使用权分离"。

32. "分区所有"类似中国的"小产证"，这种形式多出现在 1990 年之前的再开发项目中。这种所有权形式的特点是每个业主获得的店铺位置和范围是明确、固定的，即使自己不经营，也可以通过租赁获得收入，在早期的再开发项目中，不少土地权利人强烈希望在权利更换时采用分区所有形式。但是，如果采用这种形式，店铺所有人原则上可以自由出让或出租给经营任何法律允许的业态的人，无法实施整个再开发项目商业设施的一体化经营管理，整个项目的定位和运营效率很难保障。因此，当前的再开发项目已经很少采用这种权利更换形式。

第 2 章

城市重要地区的持续更新

2.1 新宿副都心——形成、演进和今天的持续更新

1958 年，日本《首都圈开发计划》将新宿确立为副都心，至 1991 年东京都政府迁入，新宿发展成为超高层集聚、具有全球知名度的商务办公区。新宿副都心是日本战后规划建设的第一个超高层建筑集聚区，而且是以从无到有快速完成的方式建造，并非建成区域的改造更新。相比于此后其他亚洲重要城市陆续建设的类似区域，新宿副都心这一区域虽然范围不大，但开发强度和已有超高层建筑数量均处于领先位置（图 2-1，图 2-2）。由于规划建设与全球日均客流量最高的轨道交通车站最大限度地结合，实现了商务办公、商业和市民活动等城市功能的高度融合。从 60 年的形成和演进过程看，新宿副都心在城市功能和质量方面呈现持续发展态势，提升区域竞争力的改善举措不断，既是一个配合日本经济发展而不断完善的商务功能区，也越来越多地体现出对城市生活场景和多元化需求的关注。

2.1.1 新宿副都心的形成——应对日本经济高速增长需要而快速新建的重要区域

1. 1958—1965 年的国家计划：从城郊净水厂到副都心

日本江户时代，在甲州街道和青梅街道的交汇位置商铺和旅店就已云集，逐渐发展形成一个叫作新宿的区域。20 世纪 50 年代，随着民营铁路小田急线的开通，作为民营铁路线和轨道环线山手线交汇的枢纽站，新宿站的重要性不断提升，车站周边出现许多大型百货公司，成为商业聚集的区域。但直到 1960 年，新宿站西侧区域仍是占地面积巨大的淀桥净水厂（图 2-3，图 2-4）。

在日本经济高速增长时期，大量企业将总部设在东京，因此办公楼需求旺盛，而如丸之内、大手町、新桥—虎之门等传统办公聚集区域已达饱和状态，分散功能成为当务之急。1958 年，日本制定了《首都圈开发计划》，将新宿、涩谷和池袋定为副都心。1960 年，东京都政府将淀桥净水厂迁移至其 20 公里以西的位置，并发布了以其原址为中心建设新宿副都心的计划。1965 年，新宿副都心规划方案出炉，规划范围约 56 公顷，含淀桥净水厂原用地 34 公顷，规划包含的主要用地有：建筑用地 18.5 公顷（约 33%），道路用地 25.0 公顷（约 45%），站前广场用地 2.5 公顷（约 4%），公园用地 9.7 公顷（约 17%）。通常所说的新宿副都心指的就是这一规划覆盖的范围（图 2-5，图 2-6）。当时规划就业人口 55 000 人，居住人口 5900 人。

从 1958 年至今，新宿副都心经历了 60 年的发展历程。1991 年，东京都政府从有乐町搬迁至此，进一步奠定了新宿副都心成为国际级复合功能商务区的地位，并提升了知名度（图 2-7）。当前，新宿副都心步行范围内所有车站每天上下车乘客人数达到 350 万，这也证明了新宿副都心在东京城市结构中的重要地位和作用。

2. 副都心规划布局——交通组织方式和超高层建筑用地模式

副都心规划方案在交通组织方式和用地模式两个方面采用了科学且前瞻的规划思路，半个多世纪后再度审视，仍然可以作为当代亚洲国家进行商务区规划的重要参考。

交通组织方式有三个突出特点。首先，副都心范围偏于新宿站西侧，将区域今后的建设发展系于轨道交通站点是整个副都心规划的出发点，

图 2-1 新宿副都心区域，此图范围约 1.8 公里 ×1.7 公里

新宿中央公园

新宿站

N

0　50　100　　200　　　　　　500m

2-1

图 2-2 当代新宿副都心区域

这明确了新宿副都心就业人员主要依靠公共交通通勤的基本思路。其次，对机动车交通和步行交通以同等重要程度对待，打造将二者立体清晰分流的规整道路网络，使机动车和步行交通以不同方式与新宿站（车站综合体）顺畅衔接，互不干扰。第三，原净水厂水池底板与新宿站地面层之间存在 7 米高差，整个规划范围东高西低，规划方案因势利导，将这一遗留问题转变为交通组织和今后地块利用上的一个优势条件。规划方案综合原有水池分区和既有高差等因素设计了立体化的路网结构，使部分机动车道路在不同标高立体交叉，设置直通新宿西口地下广场[1]的东西向道路（4 号街道），这条路以隧道方式连接车站西口和副都心核心区域，隧道内的中间部分为双向机动车道，两侧为人行通道，实现人车完全分流（图 2-8）。这一立体化的路网结构不仅让从交通干道前往新宿西口地下广场的机动车减少了等候交通信号灯的时间，同时让大量通勤者通过地下步行通道，无须穿越人行横道线就可到达副都心大部分街区，避免了日晒雨淋之苦，也实现了地上

1. 新宿站西口的检票口位于地下 1 层标高，在地下 1 层设有出租车上下客区域的新宿西口地下广场于 1966 年竣工。新宿西口广场综合改造是当时在日本很有影响力的一个城市设计案例。

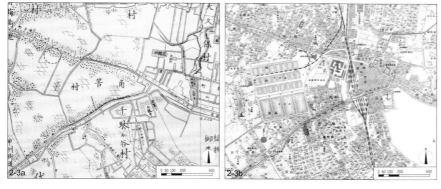

图 2-3 新宿副都心区域的历史
地图
（a）1879 年地图
（b）1916 年地图

图 2-4 1965 年净水厂照片

和地下的分流，步行交通的效率大幅提升（图 2-9—图 2-12）。

　　用地模式方面，规划路网分割形成的建设用地是以建设超高层大厦为前提的。1965 年提出新宿副都心规划方案时，日本首栋超高层建筑霞关大厦（高 147 米）正在建造。因解决了结构抗震问题，日本解除了建设超高层建筑的禁令，这是日本城市建设史上具有划时代意义的转折点。霞关大厦的建设用地东西向宽 100 米，南北向长 140 米，在当时无疑是超级地块。霞关大厦的用地模式影响了新宿副都心的规划方案。

3. 五家单位合作的开发机制——共同应对超高层建筑群的不利影响

　　新宿副都心开发之初，负责参与开发建设的有 3 家单位——新宿副都心建设公司、小田急电铁和东京都建设局，这时是以政府为主导力量。随后，通过土地招标环节，第一期超高层大厦的建设用地出让给 5 家民营企业——三井不动产、小田急电铁、住友不动产、第一生命保险和京王帝都电铁。这 5 家企业于 1968 年联合成立 "新宿副都心开发协议会"，提出 "打造充满生机与活力的宜人空间" 的副都心开发理念，成为推进和协调副都心开发建设的主力。以民营企业为主

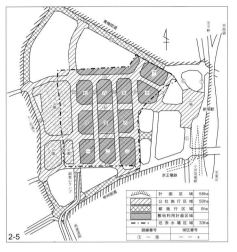

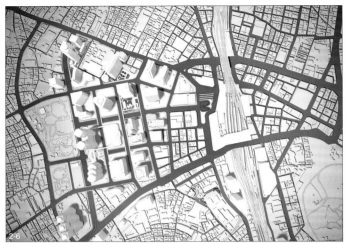

体推进城市开发建设，而且是建设超高层大厦林立的 CBD，这在日本首开先河，具有划时代的意义。

　　为建设超高层建筑以及应对超高层建筑群可能带来的负面影响，5家单位在规划建设过程中开展了密切合作，对超高层建筑群给周边城市环境带来的影响进行评估并制定应对措施，同时在建筑设计和基础设施等方面相互协作。当时的电视信号是由东京塔发送无线电波传输，大规模超高层建筑群将会影响无线电波的发射，新宿副都心开发协议会与邮政部、日本放送协会、东京都和相关地区管理部门进行协商，利用有线电视方式来解决问题。为了应对超高层建筑楼间风速问题，联合聘请研究机构研究区域内各个方位的风向、风速数据，从而分别

图 2-5　1965 年新宿副都心规划方案示意图
图 2-6　新宿副都心区域模型
图 2-7　新宿副都心超高层建筑聚集区

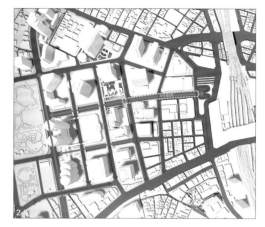

2-8

2-9

2-10a

2-11

2-10b

2-12a

2-10c

2-12b

图 2-8 新宿副都心区域机动车
交通组织示意图。图中红蓝线
表示在不同标高立体交叉的机
动车道路，黄色虚线框表示 4
号街道的隧道部分，包括中间
双向机动车道和两侧人行通道，
连接新宿西口地下广场和副都
心核心区域

图 2-9 新宿西口广场，图中为
地面层情况。西口广场有地上
和地下两部分，地下广场与检
票口相通，并设有出租车上下
客区域，人流大多从地下广场
前往副都心大部分街区

图 2-10 4 号街道的隧道部分，
隧道东端连通西口地下广场，
西端则到三井大厦地块和京王广
场酒店地块前为止，图中为人
行通道情况

(a) 通道内景，从图中出口出去，
左侧是京王广场酒店

(b) 通道沿线设有各类小商铺

(c) 通道沿线设有若干连接地上
高层建筑的出入口，图中是通
往工学院大学的出入口，顺台
阶而上是该建筑的地下门厅

图 2-11 4 号街道的地面层情
况，图中尽端是新宿西口广场
和车站综合体建筑

图 2-12 4 号街道的隧道西端出口

(a) 人行通道出口，顺图中左侧
台阶而上，是新宿三井大厦室
外广场

(b) 中间双向机动车道出口，其
上部是图 2-11 所示的 4 号街道
地面层

采取措施，并针对日照问题，在规划设计控制中提出"天空率"[2] 的概念。此外，5 家单位还签订了建筑协定，其内容包括联手建设区域内的供冷供热设施和中水系统（再生水系统），实施人车分离，设置公共停车场，共同制定和遵守建筑设计主要控制指标（如共同遵守建筑限高 250 米）等。

4. 各超高层建筑地块的公共开放空间设计导则

区域内每个超高层建设地块的开发都遵循特定街区相关制度，在建设项目基地内设置公共开放空间，并优化公共开放空间与主体建筑的结合关系，形成积极空间。这些开放空间经过规划管理部门审批，全天对市民开放，并且在场地内设有专用铭牌，标识出该公共开放空间的具体范围及相关信息。从规划建设之初就明确了公共开放空间设计导则，此举对所有超高层建筑底部的城市空间品质起到极大的积极影响，尽管各栋超高层建筑形式和风格各异，但都遵守公共开放空间设计导则，这也是新宿副都心今天仍能持续进行城市空间环境品质优化，提升人文品质的重要基础。超高层建筑底层正面设置气派的入口广场和门厅并配上车道的做法几乎看不到，与步行者出入口相比，小汽车流线并不显眼，乘车前往各个大厦的出入口反而是次要出入口。

按照导则规定，各个地块内的公共开放空间在距离原水池底板基面以上 1.5 ~ 2.0 米标高处平齐，通过步行通道衔接，利用既有高差丰富各个超高层地块内的室外空间层次和景观特征，这在新宿三井大厦等项目中都有很好的体现。

5. 25 年 22 栋超高层建筑

从 1971 年第一栋竣工的京王广场酒店到 1995 年竣工的新宿爱之岛大厦，几乎年均一栋超高层建筑的速度建成了今天的新宿副都心（表2-1）。这些超高层建筑绝大多数体现了日本高层建筑的设计特点——形式简洁，注重实用，施工品质高，有宜人的建筑室外场地，建筑底部和地下一层设有服务于办公人员的多种功能，并与机动车和步行网络合理有效衔接。同时由于整个区域的步行网络十分发达，步行优先和室外环境品质高的特征也十分突出（图 2-13—图 2-20）。

区域内第一批超高层建筑的代表作品是新宿三井大厦，建筑物地下 3 层，地上 55 层，用地面积 14 449 平方米，标准层面积约 2700

---

2. 天空率是建筑设计中（尤其在高层建筑集中区域）用于计算天空在视野中所占立体投影率的一种量化方法，显示从某位置看到多大范围的天空，100% 表示全方位能看到天空，0% 表示天空完全被遮蔽。

平方米，总建筑面积 179 671 平方米。新宿三井大厦于 1974 年竣工，2000 年进行了电梯等设备的大规模更新。在建筑形态、场地环境设计、流线组织、内部办公空间和公共部位等方面，这座建筑体现了日本传统建筑美学与现代主义风格的融合，其庄重优雅的气质给人深刻印象。20 世纪 90 年代，东京的超高层建筑大多数都集中在新宿副都心，这里的超高层建筑风格影响了 21 世纪以后日本新建成的超高层建筑。

表 2-1　新宿副都心的超高层建筑

建成年份	建筑名称
1971 年	京王广场酒店　Keio Plaza Hotel
1974 年	新宿住友大厦　Shinjuku Sumitomo Building
1974 年	KDDI 大厦　KDDI Building
1974 年	新宿三井大厦　Shinjuku Mitsui Building
1976 年	损保 JAPAN 日本兴亚总部大厦 Sompo Japan Nipponkoa Insurance Head Office Building
1978 年	新宿野村大厦　Shinjuku Nomura Building
1979 年	新宿中央大厦　Shinjuku Center Building
1980 年	东京凯悦丽晶酒店　Hotel Century Hyatt Tokyo
1980 年	小田急第一生命大厦　Odakyu Dai-ichi Life Building
1980 年	京王广场酒店南馆　Keio Plaza Hotel South Tower
1982 年	新宿 NS 大厦　Shinjuku NS Building
1983 年	新宿华盛顿酒店　Shinjuku Washington Hotel
1985 年	东京希尔顿酒店（新宿国际大厦） Hilton Tokyo Hotel (Shinjuku International Building)
1986 年	新宿 GREEN TOWER　Shinjuku Green Tower
1986 年	东京医科大学医院　Tokyo Medical University Hospital
1989 年	新宿 L TOWER　Shinjuku L Tower
1990 年	新宿 Monolith 大厦　Shinjuku Monolith Building
1990 年	东京都政府大楼 Tokyo Metropolitan Government Building
1992 年	工学院大学　Kogakuin University
1992 年	STEC 信息大厦　S-TEC Information Building
1994 年	新宿花园大厦　Shinjuku Park Tower
1995 年	新宿爱之岛大厦　Shinjuku i-Land Tower

资料来源：日本设计

图 2-13 新宿副都心第一批超高
层建筑的代表：新宿三井大厦
（左）和京王广场酒店（右）的
总平面、立面和标准层平面图
图 2-14 京王广场酒店竣工时
照片
图 2-15 新宿三井大厦正面建筑
形象
图 2-16 新宿三井大厦地块鸟瞰

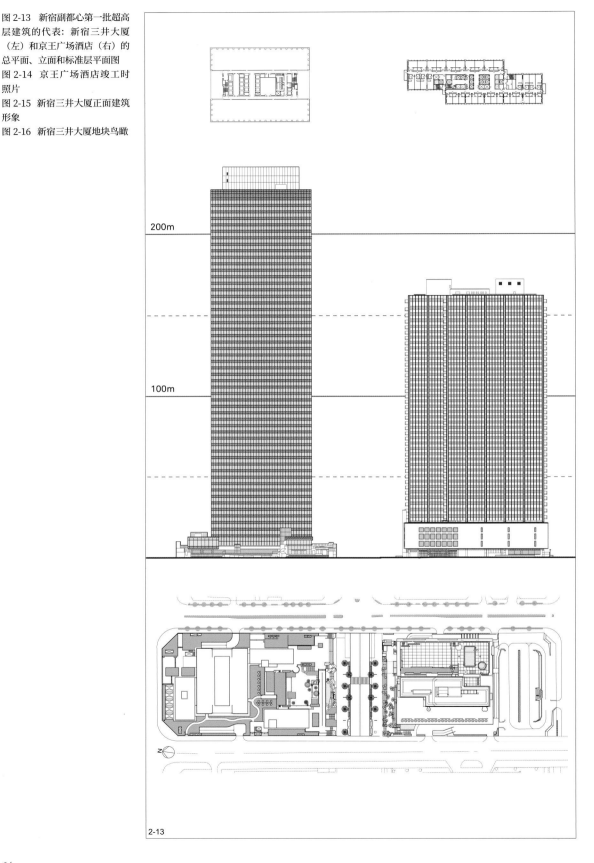

2-13

2-14

2-15

2-16

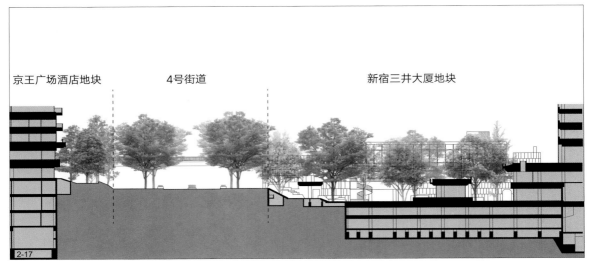

京王广场酒店地块　　　　4号街道　　　　　　　　新宿三井大厦地块

图 2-17　超高层建筑室外场地与
相邻街道关系剖面示意图，右
侧是新宿三井大厦地块，左侧
是京王广场酒店地块，中间是 4
号街道

图 2-18　新宿三井大厦室外场地
(a) 从人行道看三井大厦室外广
场，正对台阶的是一层公共大
厅入口，顺图中左下角台阶而
下，是室外下沉空间
(b) 室外下沉空间

2.1.2 东京都政府迁入，副都心区域进一步演进

1. 东京都政府迁入带来的积极影响

　　1991 年，东京都政府从有乐町迁至新宿副都心。政府大楼的建筑设计由赢得设计竞赛的丹下健三事务所担纲。新建成的东京都政府大楼占据副都心核心区域的三个街坊，并设置了较大范围的市民广场以增强各个部分之间的联系。东京都政府的迁入进一步加强了副都心的功能复合程度和重要程度，对企业的吸引力也进一步提升，标志着新宿副都心成为具有世界级知名度的重要区域。政府大楼建设对该区域产生了显著的积极影响，轨道交通、地下步行通道网络、公共设施、公园、街道绿化景观和市民活动场所等方面都有显著提升。

　　东京都政府大楼设计突出了市民化的城市广场，改变了以往该区域完全是商务办公和商务旅馆的城市氛围，受其影响，区域内办公楼底层和室外公共空间逐步增加服务市民的功能，营造亲民的日常生活氛围。当前，新宿副都心内商务办公楼底层室内外公共空间和咖啡店等商业设施的人气已经远远超过东京都政府大楼地块，很多普通市民在这里过周末，使得这个高强度开发的商务区具有了城市生活场所的特征。

　　由于东京都政府搬迁至新宿副都心，带动该地区整体的办公需求增大，新宿副都心的访问人数也明显增加。在东京都政府搬迁之前，

图 2-19　新宿三井大厦室外场地和相邻人行空间
图 2-20　京王广场酒店室外场地和相邻人行空间

图 2-21 新宿爱之岛大厦项目再
开发前的基地情况

以新宿三井大厦为首的周边办公楼群在一定程度上已带动了地区的繁华，东京都政府的迁入使该地区更加繁荣。

东京都政府迁入后，整个新宿副都心在轨道交通站点和相应的步行连通系统建设上有显著提升。1996 年，地铁丸之内线在新宿站与中野坂上站之间增设了西新宿站，直通刚刚竣工的新宿爱之岛大厦；1997 年，都营地铁大江户线开通，都厅前站投入使用，直通东京都政府第一政府大楼和第二政府大楼；2011 年，地下通道"时代大道"延伸段开通，整个区域地下步行网络趋于完整——西新宿站与都厅前站实现地下连通，同时通道沿线的建筑也在地下通道设置了出入口，地下步行路网进一步将新宿站东西两侧连接，成为连接数个地铁站和郊外轨道交通车站（包括地铁丸之内线、地铁大江户线、京王新线、小田急线和 JR 各线路车站）的通道。随着交通便捷程度的大幅度提升，新宿副都心的影响力超过原来规划的 56 公顷范围，向周边地区延展。

2. 城市再开发项目模式提升——新宿爱之岛大厦

东京都政府大楼建成也标志着副都心核心区域（原净水厂的规整井字格范围）土地开发完成，而周边规划的再开发地块内既有中小型建筑林立，土地权利人众多，在这些地块里将细分的土地产权集中起来开发建设超高层建筑的难度很大。因此，东京都政府大楼之后的开

图 2-22　新宿爱之岛大厦建成后鸟瞰
图 2-23　新宿爱之岛大厦建筑形象

发项目模式与以往不同，必须与土地权利人达成协议，从与土地权利人能达成一致意见的地块开始，逐步实施，而且由于产权的原因，新建成的项目在总平面布局和外观上也与以往项目不同。在此背景下实现的代表案例是 1995 年竣工的新宿爱之岛大厦（图 2-21—图 2-23）。

　　新宿爱之岛大厦采用了 1 栋超高层大厦与 6 栋中、高层建筑组合的平面布局形式（图 2-24—图 2-26）。超高层大厦位于基地中央偏西位置，其余 6 栋建筑围绕超高层大厦布置，7 栋建筑体量各不相同，形态也各异。这种布局形式与新宿副都心核心区域以往的开发项目存在很大差异，形成这种布局的原因是该项目用地涉及众多土地权利人，且开发前的既有物业性质多样，包括独立住宅、集合住宅、商铺和带商铺的住宅等，还有一所职业技术学校。多栋建筑组合的布局形式能最大限度满足不同权利人的各类需求，确保各有合适的功能空间和流线。由于土地权利人的多样性，新宿爱之岛大厦在功能复合方面更加丰富，除办公、住宅外，沿街面和围绕室外广场的底层界面都设置了大众化的商铺，富有城市氛围和人气。项目在建筑形态和室外场地设计中通过融入圆形要素实现多栋建筑之间、建筑与室外场地之间的相对统一，如基地西南角的圆形建筑、下沉广场的圆形空间和建筑顶部的半圆形屋顶等。此外，室外场地设计将水体、绿化、雕塑、标识和照明等元素结合，顺应场地不规则的特点，打造出时尚并充满活力的城市公共空间（图 2-27—图 2-30）。

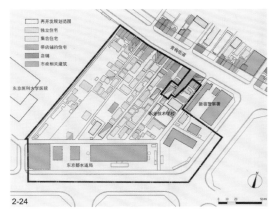

2-24

2-27a

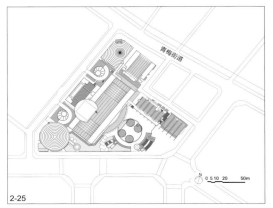

2-25

2-27b

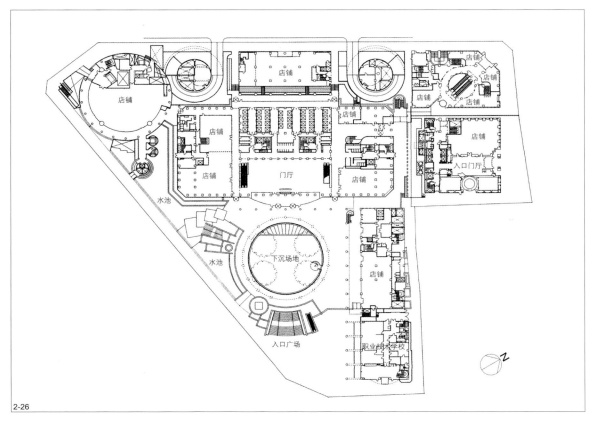

2-26

2.1.3 当前的持续更新和今后发展问题

1. 民间组织主导——高度建成区域实现持续提升的运行机制

　　随着经济形势变化，以及东京其他商务办公区的崛起或进一步更新，为了提升本区域的竞争优势和吸引力，新宿副都心也面临持续提升的压力。集合了新宿副都心各方面力量的民间组织——"新宿副都心地区环境改善委员会"致力于解决以往城市开发过程中遗留的问题，并充分调动该区域企业、团体和市民力量对整体环境进行持续的小微

2-28

2-29

2-30a

2-30b

图 2-24　1987 年再开发前项目
用地情况示意图

图 2-25　新宿爱之岛大厦总平面
图

图 2-26　新宿爱之岛大厦一层平
面图

图 2-27　新宿爱之岛大厦的圆形
下沉场地

图 2-28　从南侧人行空间看新宿
爱之岛大厦室外场地，左侧为
爱之岛大厦超高层建筑的门厅
入口部位

图 2-29　新宿爱之岛大厦南侧相
邻人行空间

图 2-30　室外场地上的艺术雕塑
作品，图中两个雕塑位于地块
东南角

图 2-31 新宿爱之岛大厦地块相邻东南角交叉路口，采用环状构筑物将交通信号灯和指示牌等整合一体

举措的提升工作，以保持和增强该区域的竞争力。同时，这一民间组织在推进政府与民间力量合作方面发挥了不可替代的作用：2011 年，组织本地主要企业集体参与"亚洲总部特区指定地区协议会"；与新宿区政府联合举办"西新宿（新宿副都心）恳谈会"，并于 2014 年制定《西新宿（新宿副都心）地区城市建设指导方针》；2014 年，通过了国家特别战略区会议成员选拔；2015 年，根据《城市更新特别措施法》被指定为城市振兴促进法人，并注册为城市建设团体，推进区域内公共开放空间的综合利用。在区域民间组织的推动下，以副都心城市环境改善为目标的小微举措不断出现，包括步行路径改善、主要道路交叉口环形组合信号标志设立（图 2-31）、举办周末市民活动等。早期竣工的大厦也在进行局部更新改善，如新宿野村大厦对其下沉式花园进行了扩大改造；新宿三井大厦于 2015 年在屋顶增设了减震装置，2017 年对一层公共大厅进行了更新改造，增加了租户和访客可免费使用的休息室以及会议接待空间。

2. 针对遗留问题的规划考虑

由实力较强的民营企业牵头进行新宿副都心的开发建设，其规划方案具有前瞻性，建设投入力度大，建成后运行状态很好，但仍存在遗留问题，今后发展中希望在以下五方面进行改善。

（1）每个街坊的公共开放空间独立存在，相互之间缺乏连通，因此整个区域缺乏城市街道氛围，与同样是商务办公区的丸之内相比，这个弱点十分明显。最初的副都心规划中，各个地块内的公共开放空间相互连通，由于之后在高架路下方设置了公共停车场，造成各个公共开放空间的孤立。

（2）当初将各个地块内公共开放空间标高设在高于原水池底板1.5～2.0米位置（即比相邻的人行道高1.5～2.0米），利用这一中间层，打造出丰富的室外空间层次和景观特征。但在注重无障碍设计的今天，如何处理这个高差成为一个新问题。

（3）连接新宿站和副都心区域的主要步行路线（4号街道）很大一部分是地下道路，作为进入一个区域的门户性道路，这条路缺乏魅力。虽然已经采取了很多改善举措，如增加露天部分空间、压缩机动车道路宽度、在车行和人行道路之间设置隔墙、增设移动步道等，但仍没有根本性地解决问题。

（4）各栋超高层建筑内的就业人数均在1万人以上，发生地震等灾害时的主动应对措施仍不完善，需要进一步加强。

（5）巨大的轨道交通枢纽站将城市空间分割为连通不畅的两部分区域，这是东京面临的一个大课题，新宿站也不例外，今后要通过设置东西自由通道、调整地下地上连通路径的标高等举措加强新宿站两侧的连通。

案例扩展文献

[1] 村尾成文. 3つの超高層プロジェクトと新しい段階を迎えている新宿副都心地域 [J]. 新建築, 1995(6): 282-283.

[2] 近代建築社. 近代建築1997年9月特集: 日本設計創立30周年 [M]. 東京: 近代建築社, 1997.

[3] 岡本昭一郎. 西新宿物語: 淀橋浄水場から再開発事業まで [M]. 東京: 日本水道新聞社, 1997.

[4] 日本設計. 新宿三井ビル [J]. 近代建築, 1998(10): 114-117.

[5] 村尾成文. 新宿三井ビルディング リニューアル: 超高層ビル街の今後に向けて [J]. 新建築, 2000(6): 214-218.

[6] 日本設計. STORY-10-2 時代に応じて新たな価値を生み出す高さ約224m の超高層ビル [J]. 新建築別冊, 2017(11): 196-199.

[7] 陈保荣, 曾昭奋. 东京新宿副都心的规划与建设 [J]. 世界建筑, 1980(1): 45-50.

[8] ZACHARIAS J, MUNAKATA J, 许玫. 东京新宿车站地下和地面步行环境 [J]. 国际城市规划, 2007, 22(6): 35-40.

[9] 马海涛, 罗奎, 孙威, 等. 东京新宿建设城市副中心的经验与启示 [J]. 世界地理研究, 2014, 23(1): 103-110.

2.2 日本桥地区——以日本桥三井大厦等一系列重大再开发项目带动地区更新

日本桥地区是东京极具历史渊源和传统特色的繁华商业街区，而且从近代时期就集聚了日本银行等重要金融机构，也是当代东京重要的金融和商务功能区。20 世纪 90 年代，日本桥地区面临发展缓慢和竞争力不足等问题，在东京城市格局中的地位与重要性下滑。通过日本桥三井大厦[1]等一系列模式创新的重大再开发项目的拉动，日本桥地区再度焕发活力，在功能、质量和容量等方面大大提升，形成传统、近代和当代特色兼容的繁华商业和商务办公区（图 2-32）。这一轮地区振兴举措与相邻地区，尤其是大丸有地区的再开发形成了呼应，通过东京站综合枢纽区的衔接，今后大丸有和日本桥地区将在更大范围形成日本最重要的超级 CBD——从这个意义上看，日本桥地区与日本经济发展紧密关联，该地区的振兴也是日本经济振兴的一环。

2.2.1 地区振兴的背景：兼具传统和近代特征的重要区域面临当代发展的挑战

1. 从江户时代到近代逐步发展起来的重要繁华区域

江户时代，位于隅田川沿岸的日本桥地区靠近码头，成为物资集散地，批发店和货币交易商在此云集，逐渐发展成为商业和金融中心（图 2-33，图 2-34）。1673 年，伊势松坂商人三井高利在日本桥地区创立了一家名为越后屋的和服店（三越总店前身），此后，日本桥地区又诞生了经营果品的千疋屋、制造销售传统刀具的木屋等多家百年老店。日本银行总部和东京证券交易所分别于 1896 年和 1949 年在此落户，日本桥地区的金融功能得到发展。同时，这里汇集的百年老店和技术高超的工匠可与银座媲美，商业繁华，又由于毗邻东京站八重洲口，逐渐发展成为商务办公区。

1902 年，以越后屋起家的三井集团在日本桥地区建成总部大厦——钢结构的三井本馆（图 2-35）。不幸的是，这座建筑在 1923 年关东大地震中被烧毁。1929 年，可抗击关东大地震 2 倍烈度的三井总部大厦落成，这座建筑是日本近代时期新古典主义建筑风格的卓越代表，与三

---

1. 日本桥三井大厦指该项目中新建的超高层建筑，简称"三井大厦"。在日文语境中，由于历史原因，日本桥三井大厦有时也指保留的历史建筑，在本文中称保留的历史建筑为"三井总部大厦"。

越总店一起成为日本桥地区的地标性建筑。今天，古朴典雅的历史建筑被保留下来，与相邻地块上高达195米的当代风格的日本桥三井大厦连为一体——历史与当代、厚重与高耸、商业金融与文化、东西方气质等和谐相融，并充满活力。日本桥三井大厦外形优雅大气，地理位置极佳，在天气晴好的日子，从位于高层的文华东方酒店可以隔着皇居远眺富士山，这栋建筑凝聚了与城市发展相关的多方面的智慧。

2. 20世纪90年代：严峻的发展问题和地区振兴对策

日本桥在日本近代历史上具有特别意义，也被作为日本道路网的计量始点。近代时期建造的西洋风格的桥梁上矗立着青铜麒麟雕塑，体现了日本桥地区东西方融合的特征（图2-36）。然而，为迎接1964年东京奥运会而突击建设的首都高速公路跨越其上，遮蔽了这座美丽的桥和雕塑。今天穿过日本桥向北，有一系列历史建筑和新落成的超高层建筑，沿中央大街可以看到三越总店、三井总部大厦（历史建筑）和日本桥三井大厦（新大厦）以及COREDO室町1、2、3号大厦等重要建筑，与三井大厦西侧的日本银行总部（也是日本近代古典主义样式的代表性建筑之一）共同形成日本桥地区的独特城市风貌。

这样一处繁华且重要的城市区域在20世纪90年代面临严峻的发

图2-32 东京站周边地区，车站西侧为大丸有地区和皇居，东侧为日本桥地区，此图范围约2.1公里×1.5公里。图上红色标识为三个再开发项目范围，其中A为日本桥三井大厦再开发项目，B为COREDO室町系列再开发项目，C为日本桥二丁目再开发项目

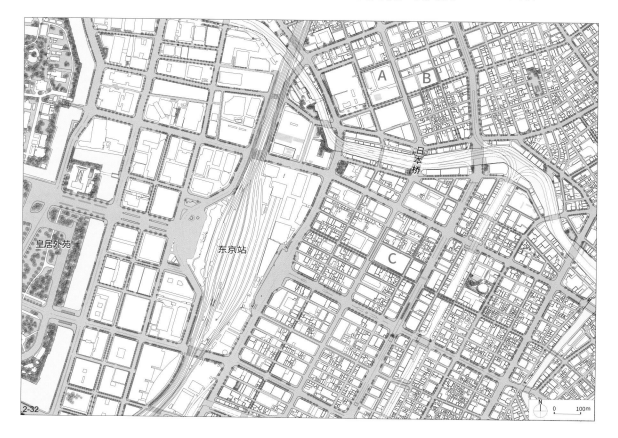

2-32

展危机。当时，东京的商务办公楼开发和租赁市场竞争十分激烈。历史悠久的大丸有地区和新桥—虎之门地区，以及作为新兴势力的新宿副都心、六本木、神谷町、赤坂和溜池等地主导着商务办公楼市场。此外，千代田区、港区、中央区的多栋办公大厦也进入更新期，以再开发项目组合的方式进行城市再开发的趋势也初现端倪。同时 2003 年竣工的六本木 Hills 综合开发项目建设拥有超大标准层面积的证券交易室，还打造了高级酒店、文化设施、奢侈品商店等极具附加值的复合功能，吸引了大量外资企业入驻。除此之外，由于经济泡沫破裂导致证券公司倒闭，经济下滑对日本桥地区金融证券行业的办公楼出租影响很大，加上亚洲金融风暴和经济危机等因素，日本桥地区的商务办公楼市场面临严峻的危机。

　　在这样的背景下，作为日本桥地区的大地主与日本最重要的房地产开发商之一，三井不动产株式会社（三井集团下属企业，以下简称"三井不动产"）决定通过日本桥三井大厦再开发项目扼制日本桥地区随经济危机而地位下滑的局面，带动地区重新振兴。

图 2-33 日本传统绘画作品中明治前期日本桥一带的街道景观
图 2-34 明治前期日本桥一带的街道景观
图 2-35 三井本馆，1902 年竣工，1923 年在关东大地震中被烧毁
图 2-36 20 世纪 30 年代日本桥及周边城市景观

2.2.2 启动地区振兴的重大再开发项目——日本桥三井大厦

计划建造的三井大厦位于日本桥地区的重要位置，基地上有重要历史建筑，还要实现建设东京当代超高层建筑地标的目标。如何在保护历史文化遗产的同时，实现高容积率的新建筑落地，成为这个再开发项目的关键问题。项目1997年启动，2005年竣工，实施速度很快，项目的研究和规划设计过程实质上也是解决保护与开发利益二者平衡，并能实现地区振兴目标的问题的过程（图2-37—图2-41）。

1. 如何对待历史建筑——历史建筑保护与城市更新并重

三井总部大厦是由Trowbridge & Livingston事务所（当时纽约三大建筑事务所之一）设计，建筑外立面采用茨城稻田石，室内采用大量意大利大理石，彰显沉稳厚重、典雅庄严的建筑气质，1929年竣工以来，建筑历经岁月洗礼，外观仍保持完好，石材也没有变色。这栋建筑原本与相邻的三井2号馆（也是历史建筑）共享一个中庭，因此再开发项目最初的构想是在中庭部分插建一栋超高层大厦，但根据日本的规划法规，要获得容积率奖励就需要保证一定规模的公共开放空间，而三井总部大厦和三井2号馆的布局模式都是完全占满沿街面，要实现沿街公共开放空间，就会破坏历史建筑（图2-42，图2-43）。

日本许多历史建筑在城市再开发过程中被破坏或拆除，还有一部分被移建到公园，成为永久建筑展品。历史建筑无疑是城市的宝贵资源，但在具体项目用地上历史建筑也是再开发项目的重大限制，对于在城市中承担重要功能角色的重要区域，如果不能合理解决必要的再开发项目的限制问题，也不可能实现历史建筑的活化保护。三井总部大厦在日本近代史和近代建筑史上都有很高的价值，也是日本桥地区历史的重要组成部分，政府、市民和三井集团都不希望将其拆除。再开发项目前期研究过程中，三井不动产与日本设计（日本桥三井大厦的建筑设计单位）针对保护与开发并重的问题召开了多次会议进行研究。基于讨论得出的共识，三井不动产与有关政府部门进行大量协商工作——首先是申请认定三井总部大厦为东京都历史文化遗产；同时与东京都和日本的国土交通省相关政府部门进行交涉——如果该建筑被认定为东京都历史文化遗产，能否针对这种情况制定"以历史建筑保护为前提，增加再开发建筑容积率"的新制度。原本认为与政府的交涉工作会阻力重重，结果却进展顺利，政府部门提出了将历史建筑的一部分作为美术馆向市民开放等附加条件，最终达成协议，并制定了"重要历史文化遗产保存型特定街区制度"，为解决这类再开发项

2-37

2-38

2-39

2-40

目的保护和开发利益平衡问题提供了法律依据。

　　三井总部大厦不仅是东京、日本桥地区和三井集团历史的象征，更是一份重要的大型不动产资源，与资本利益息息相关。在认定重要历史文化遗产的环节上，虽然理解这一认定会对该建筑的正常使用和经济效益带来限制，而且认定后是否能获得理想的容积率奖励还要通过后续审议环节才能确定，但三井不动产还是果断决定将其作为历史文化遗产进行保护并向市民开放。这体现了企业对保护历史建筑、保护城市历史记忆的社会担当精神，以及企业对振兴日本桥地区的决心和信心。

2. 确保开发量和城市空间品质

　　日本桥三井大厦再开发项目通过政府部门规划审议会获得超过 9 的容积率，确保了这个重要地块再开发的建设总量，并要求严格保护和活化利用历史建筑。项目设计研讨过程中提出了若干可能的总体布局方案，对历史建筑和新建超高层建筑的关系做了分析比较（图 2-44）。实施方案既尊重了三井总部大厦、三井 2 号馆和新建塔楼各自的独立性，也使整个街坊上的三栋建筑形成一个整体，大部分的公共空间是公用的。再开发增加的面积集中在超高层建筑，建成地上 39 层，高约 195 米的三井大厦，与具有沉稳特征的三井总部大厦历史建筑形成很

图 2-37 日本桥三井大厦再开发项目建成后的区域鸟瞰

图 2-38 20 世纪 60 年代日本桥中央大街街景，左侧是 1929 年竣工的三井总部大厦

图 2-39 再开发前的三井总部大厦

图 2-40 再开发后的建筑形象，图中的超高层建筑为新建的日本桥三井大厦

图 2-41 穿过日本桥向北看到的中央大街，左侧建筑由近及远依次是三越总店、三井总部大厦和日本桥三井大厦，摄于 2018 年

2-42

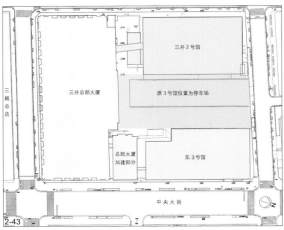

2-43

三越总店

三井总部大厦

三井2号馆

原3号馆位置为停车场

总部大厦
加建部分

东3号馆

中央大街

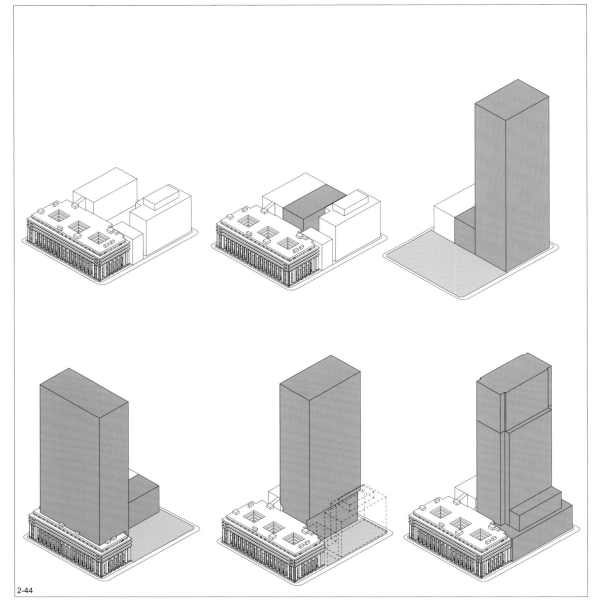

2-44

好的形象呼应，且二者在体量连接处的临街部分共享一个公共大厅（图2-45—图2-48）。

这个再开发项目证明保护与开发并非是对立的，能够也应该做到二者兼顾。对于城市中重要商务办公区域（对城市经济发展的作用明显）而言，采取调控再开发项目容积率的方式既确保企业的积极性和商业利润合理性，也确保历史建筑得到了充分的保护和持久的合理利用，这种政策导向为保护与开发兼顾指引了新方向。丸之内地区的几个重要再开发项目也同样采用了这一政策，如：明治生命馆的保护和新总部大楼的建设、工业俱乐部大厦的保护和再开发，另外位于丸之内地区重要位置的东京站将未利用的容积率出售给周边地块，以此筹措该历史建筑修复费用，这些都是东京重要区域内重要地块（往往与历史建筑有关）再开发过程中实施"特例容积率制度"的重要案例和事实依据——越是重要区域和重要地块，越会灵活调整政策，以政策调动市场再开发的动力，实现历史保护、有效利用和提升城市经济竞争力之间的平衡，这个思路值得深入研究。

在上述平衡得以实现的基础上，对历史文化遗产的保护，以及对再开发项目带来的城市景观的影响都必须实施合理控制成为新政策的一个组成部分，而对城市景观等方面的要求内容在以往日本城市规划制度中并没有涉及。日本桥三井大厦再开发项目推动产生的重要历史文化遗产保存型特定街区制度首次对建筑造型（造型的连续性）和城市景观（檐口的高度控制）等要素提出相关规定，对项目所在区域今后的建设发展产生深远影响。从三井大厦及后续完成的周边项目情况看，这个制度在促成该区域发生重大改变的同时，也在街道品质和建筑形式上很大程度延续了日本桥地区的历史特色与高品质特征。

日本桥三井大厦项目推进了东京相关规划法规的改进，建成后获得各方认同，带动了该地区的后续再开发项目，成为之后近20年日本桥地区持续再开发的起点（表2-2）。可以说这是一个兼顾历史建筑保护与再开发的成功案例。

表2-2 日本桥三井大厦项目概要

项目业主	三井不动产
主要用途	办公、酒店、商业/餐饮、停车场等
建筑面积	194 309 平方米
建筑高度	195 米
竣工时间	2005 年 7 月

资料来源：日本设计

图 2-42 日本桥三井大厦及周边区域航拍照片，摄于约 1960 年，三井 2 号馆和东 3 号馆（参见图 2-43）尚未建成

图 2-43 日本桥三井大厦再开发前总平面图

图 2-44 日本桥三井大厦再开发项目设计研究过程中的多方案比选

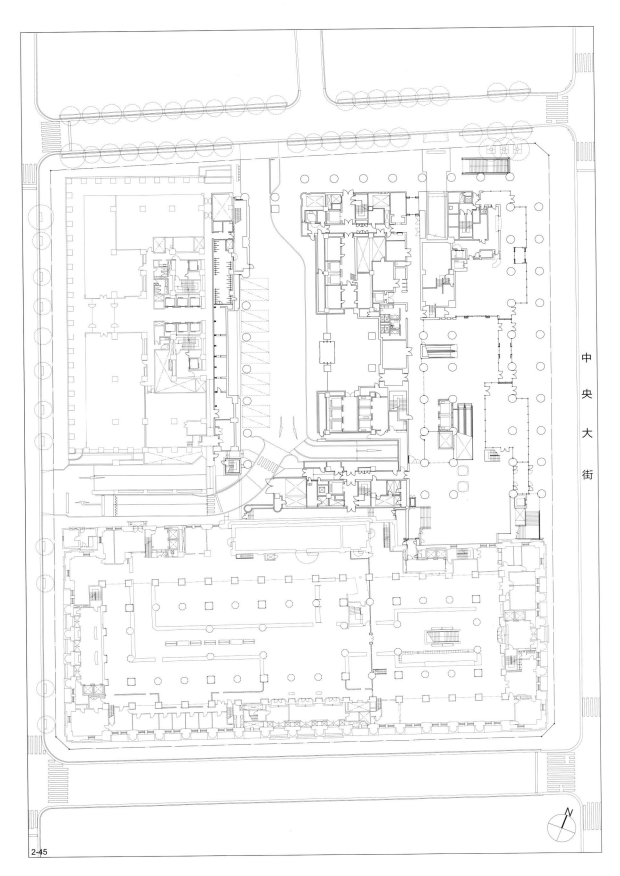

中 央 大 街

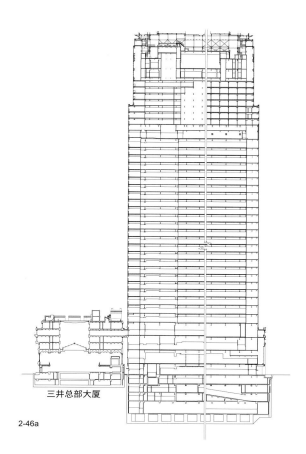

三井总部大厦

2-46a

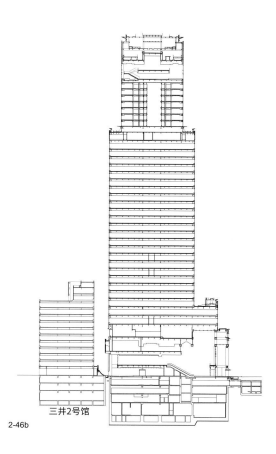

三井2号馆

2-46b

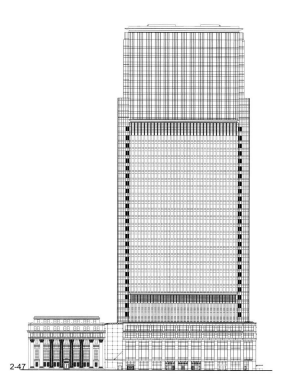

2-47

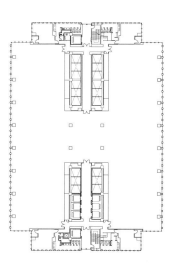

2-48

2.2.3 地区振兴成效

1. 日本桥三井大厦之后的一系列再开发项目

　　新建成的三井大厦是复合功能，除了办公之外，大厦低层部分和地下设置了包括老字号传统店铺和餐饮等商业、文化设施以及连接地铁站点的地下通道等市政设施，同时在大厦顶部的 8 层设置文华东方酒店，这些功能的提升和增强对地区发展产生了积极的示范作用。日本桥传统老店千疋屋总店作为土地权利人之一参与了这个再开发项目，并获得了日本桥三井大厦的一部分面积作为全新的营业空间重现亮相，展示出传统百年老店的新风采，这种成功促使地区内的其他企业重新审视日本桥地区的发展潜力，并积极与资本合作参与再开发项目。三井大厦竣工后，COREDO 室町 1、2、3 号大厦等 COREDO 室町系列再开发项目也逐步竣工，这些相对聚集的新建筑清晰呈现了地区振兴的趋势（图 2-49—图 2-51）。与这些新建筑相邻的三越总店也被认定为重要历史文化遗产，形成与三井总部大厦和日本银行总部三栋重要历史文化遗产并立的景象，成为难得一见的城市景观（图 2-52—图 2-54）。再开发项目虽然都是摩天大厦，但建筑裙房都力求与历史文化遗产的建筑立面呼应——再开发建筑的裙房檐口线都低于 31 米，裙房沿街立面都遵守历史建筑立面构图特点，并在材质和色彩上尊重历史街道特征，从而延续日本桥地区城市街道风貌，保持连续的街道界

图 2-45 日本桥三井大厦再开发项目一层平面图，新老建筑平面上实现一体化

图 2-46 日本桥三井大厦再开发项目剖面图

图 2-47 日本桥三井大厦再开发项目沿中央大街立面图，新老建筑立面构图上体现出明确的呼应关系

图 2-48 日本桥三井大厦标准层平面

图 2-49 COREDO 室町系列再开发项目总平面示意图

图 2-50 COREDO 室町系列再开发项目一层平面图

图 2-51 COREDO 室町系列再开发项目剖面示意图

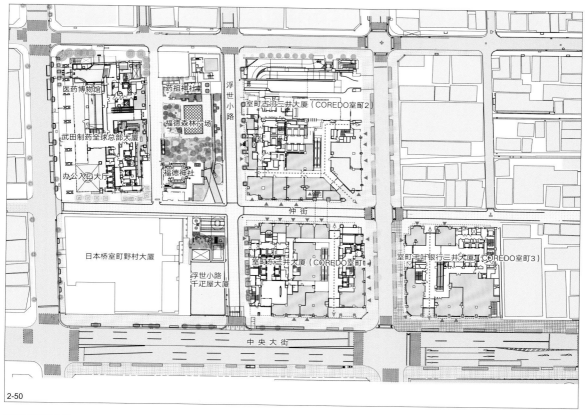

2-50

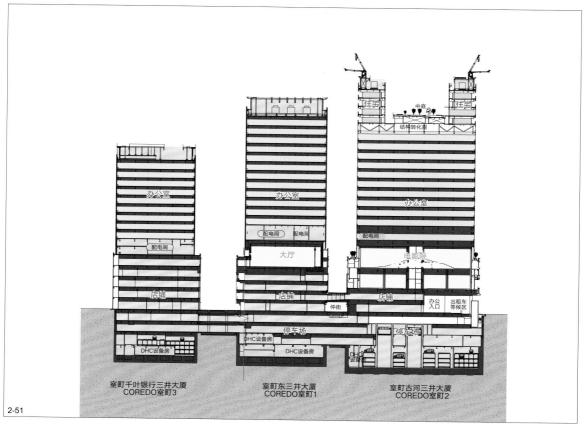

2-51

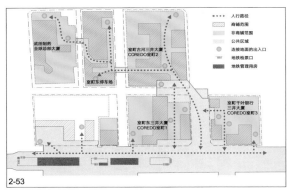

图 2-52 一系列再开发项目建成后的日本桥地区城市景观，仍有地块处于再开发状态

图 2-53 COREDO 室町系列再开发项目地下连通关系示意图

图 2-54 新增免费的环游巴士，串连起地区内的若干再开发项目，图中为往返 COREDO 室町和 COREDO 日本桥的巴士

面（图 2-55—图 2-57）。

　　基于日本桥三井大厦的经验，三井不动产继续实施《日本桥地区再开发第 2 阶段计划》，推出日本桥二丁目再开发项目——在日本桥以南，高岛屋日本桥店也被认定为历史文化遗产，通过与周边地块合作获得容积率奖励，整体实施再开发项目。该项目属于第一种市街地再开发事业项目，于 2018 年 9 月竣工（图 2-58—图 2-60）。项目包含 A、B、C 三个街坊，历史建筑高岛屋日本桥店主楼位于 B 街坊，被完整保留，在 A、C 两个街坊内各新建一栋复合功能大厦。位于 C 街坊内的超高层大厦是日本桥高岛屋三井大厦，地下 1 层至地上 7 层为商业空间，8 至 32 层为办公空间。日本桥二丁目再开发项目同样也注重城市公共设施的改善和升级，采取的主要举措有：①将 B、C 街坊

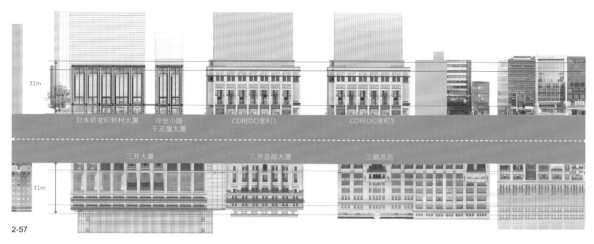

2-57

之间的地面道路改为带采光屋顶的城市步行道，步行道两侧布置餐饮等各类商铺，优化该区域步行环境的同时也增加商业活力；②在31米标高处将项目三个部分连为一体，形成一系列的屋顶花园空间，并在建筑低层部分以空中连廊方式加强三栋建筑商业空间之间的联系；③再开发项目地下与周边地下步行网络实现连通。除了以上三个再开发项目，日本桥地区内著名的丸善书店等老建筑也开展了大幅增强功能复合和提升容积率的再开发。经过这一系列举措，此前一直没有被看作城市中心区域的日本桥地区焕发出新的面貌，成为东京的中心区域之一并受到广泛关注。

2. 日本桥地区的新客源

新开设在三井总部大厦内的美术馆吸引了此前日本桥地区未曾有的观光客和周末访客，三井大厦内的酒店也吸引了非商务旅行的客人，加上老字号店铺的功能提升和新商业业态的增加，地区活力延长至夜晚。三井不动产在靠近 COREDO 室町的街区内保护并修缮了福德神社，并在神社旁边打造了福德绿荫广场，形成一个约1000平方米的活动场所，点缀着能体现四季变化的植物，成为周边居民和就业人员

图 2-55 一系列再开发项目建成后的日本桥中央大街街景，左侧是三越总店，右侧是 COREDO 室町 3
图 2-56 临街立面控制下的新建成项目底部形态示例，图为 COREDO 室町 2 的临街立面
图 2-57 新建项目临中央大街建筑立面控制导则示意图。保持地区街道历史特色，对新建项目临街立面构图进行控制，重点是 31 米线以下的部位

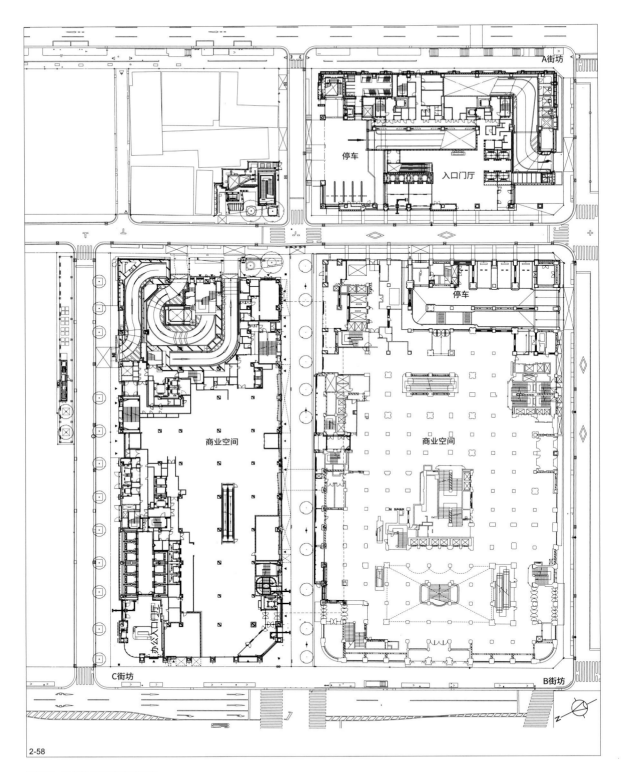

A街坊

停车

入口门厅

停车

商业空间

商业空间

办公入口门厅

C街坊

B街坊

2-58

图 2-58 日本桥二丁目再开发项
目一层平面图。该项目涉及 A、B、
C 三个街坊，位于 B 街坊的是历
史建筑高岛屋日本桥店主楼。B、
C 街坊间的街道被设置成有上部
覆盖的步行专用道

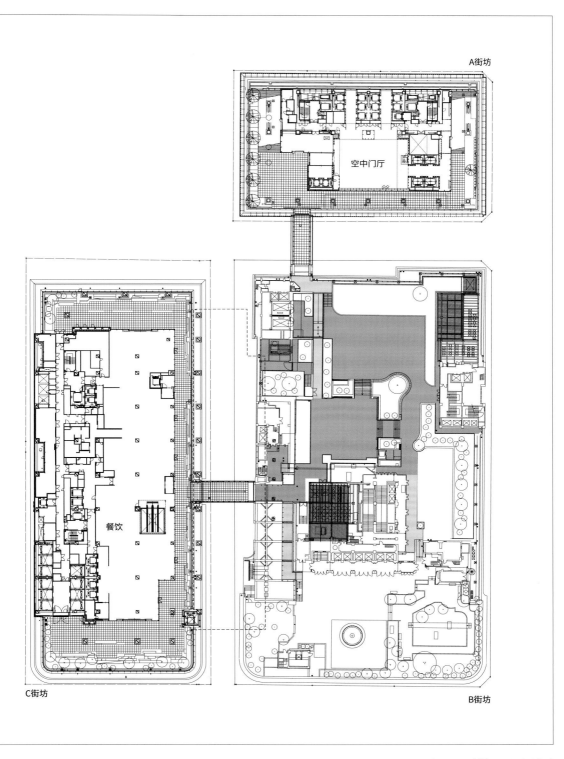

A街坊

空中门厅

C街坊

餐饮

B街坊

2-59

图 2-59 日本桥二丁目再开发项目 31 米标高平面图，图中 B、C 街坊间的虚线表示步行专用道的上部覆盖范围。在 31 米标高处，项目的三个部分连为一体，并形成一系列的屋顶花园空间

图 2-60 日本桥二丁目再开发项目建成后景象

(a) 沿中央大街的建筑形象，图中由近及远依次是 C 街坊和 B 街坊

(b) 位于 C 街坊的超高层建筑，右侧的玻璃屋面为步行专用道的上部覆盖，其右连接的是位于 B 街坊的历史建筑

(c) B、C 街坊间的步行专用道

图 2-61 COREDO 室町 1 和室町 2 之间的仲街，仍有东京传统街巷的特点，图左侧是 COREDO 室町 2

2-62

图 2-62 位于 COREDO 室町 2
北侧的福德神社和福德绿荫广
场，是对东京传统城市特色空
间的保留和延续，图中街道是
浮世小路

图 2-63 通过再开发项目同步改
造提升的街道人行空间
(a) 中央大街，右侧是 COREDO
室町 1
(b) 位于 COREDO 室町 2 南侧
的次要街道

2-63a

2-63b

聚会、交流和休闲活动的理想场所（图 2-61—图 2-63）。此外，由日本桥地区多家企业赞助而实现免费运行的区域内环游巴士连接东京站八重洲口和京桥等重要地点，大大提升了地区交通的便利性。

目前仍在实施过程中的中央大街东侧地块的商业开发还将进一步加强该区域的人气和活力，日本桥地区商业活力的重现标志着曾经的著名繁华商业中心涅槃重生，这为日本仍处于衰退危机中的城市中心城区其他区域的再度振兴提供了经验。

3. 城市基础设施显著提升

日本桥地区的再开发项目都高度重视地下层与地铁站点的步行衔接，以及与周边建筑的地下连通，因此，随着再开发项目的逐个完成，日本桥地区的地下交通网络也将逐步完善（图 2-64）。COREDO 室町1、2、3 号大厦开发项目甚至还在地上二层进行各栋建筑之间的连通，大大缓解了地面通行压力，也提升了整个区域的运行效率。此外，由于日本在防灾方面的标准比较高，这些地下通道空间尺度较大，可作为这一区域的城市避难场所。同时，COREDO 室町 1 号大厦的能源中心可为 COREDO 室町 2、3 号大厦供电和提供冷热水。这些不太显眼的内容十分重要，是影响一个城市区域运行效率和应对突发情况能力的关键要素。通过民间力量推进城市再开发，并实现城市基础设施和防灾能力的大幅度提升，从而实现一个传统城市区域的现代化，这个案例进一步揭示了在再开发项目中设置较大幅度容积率奖励的意义（表 2-3）。

表 2-3　COREDO 室町 1、2、3 号大厦项目概要

开发项目 建筑名称	COREDO 室町 1 室町东三井大厦	COREDO 室町 2 室町古河三井大厦	COREDO 室町 3 室町千叶银行三井大厦
项目业主	三井不动产	古河金属株式会社、Hosoi 化学工业株式会社、株式会社NINBEN、三井不动产	株式会社千叶银行、Wakamoto 制药株式会社、株式会社总武、株式会社三越伊势丹、株式会社木屋大厦、三井不动产
主要用途	办公、商业／餐饮、停车场等	办公、商业／餐饮、电影院、停车场等	办公、商业／餐饮、停车场等
建筑面积	40 363 平方米	62 472 平方米	29 238 平方米
建筑高度	102 米	116 米	80 米
竣工时间	2010 年 9 月	2014 年 2 月	2014 年 2 月

资料来源：日本设计

2-64a 2-64b 2-64c

图 2-64 COREDO 室町系列再
开发项目的地下步行空间，连
接轨道交通站点、商场和办公
楼，并与人防相结合

2.2.4 地区未来发展的思考

作为东京中心城区中的一个重要区域，日本桥地区的振兴还有很大发展空间，除了继续合理推进历史建筑保护和再开发项目外，一些遗留问题也需要各方面力量共同解决和思考。日本桥地区最重要的地区标志，也是东京历史和景观资源的日本桥至今仍在高架道路遮盖之下，将首都高速公路移至地下，使日本桥重见天日是日本众多有识之士和东京市民的共同诉求，但项目资金一直难以落实，直至确定主办2020 年东京奥运会，"首都高速公路地下化项目"才得以提到议事日程，但仍需要社会各界支持和关注，该项目预计 2020 年启动。

未来，日本桥及京桥和八重洲地区还将逐步建成多栋大型商务办公楼，与大丸有地区形成联动，形成更大规模的商务办公集聚区。日本桥地区汇集了大量传统特色的餐饮店和百年老店，文化传承对该地区可持续发展至关重要，政府和各个方面的民间力量必须在保护历史建筑和保护地区文化特质方面达成共识，实现再开发与传承历史文脉相辅相成的良性发展，提升城市竞争力和魅力。

案例扩展文献

[1] 石田繁之介. 三井本館と建築生産の近代化 [M]. 東京: 鹿島出版会, 1988.

[2] 近代建築社. 近代建築 2007 年 9 月特集: 日本設計創立 40 周年 [M]. 東京: 近代建築社, 2007.

[3] 谷口りえ. 日本橋らしさを特区で再生: 複数事業者が協調して 31m ラインを復活 [J]. 日経アーキテクチュア, 2010, 11(938): 52-59.

[4] 六鹿正治, 神林徹. 日本橋都市再生のコア機能を設計する [J]. 新建築, 2010(12): 103-109.

[5] 新原昇平. 三井不動産がすすめる日本橋の街づくりについて [J]. 市街地再開発, 2015, 6(542): 21-31.

[6] 日本設計. STORY-02-1 制度から新しく提案することで保存と開発の調和を可能にする [J]. 新建築別冊, 2017(11): 52-59.

2.3 大丸有地区——日本最重要的 CBD 再度更新

紧邻东京站的大手町、丸之内和有乐町 3 个片区组成的区域通常被称为大丸有地区，是日本最重要的 CBD（图 2-65）。进入 21 世纪以来，在日本国家经济振兴政策和城市更新激励政策的推进下，受国际化及功能多样化趋势的影响，这一地区开展了包括地块重组等大规模再开发建设，在综合能级和城市空间形态等方面发生巨大变化，大大强化了这一地区在日本经济发展格局中的特殊地位。

2.3.1 历经 150 多年发展形成的日本顶级 CBD

1. 历史沿革

江户时代，大丸有一带是大名和武士居住的地方，历经 150 多年的变迁发展，这片约 120 公顷的土地在今天是拥有 28 万就业人员，承载 4300 家公司的日本最重要的商务区（图 2-66）。大丸有地区的发展起源于明治维新后的 1890 年，随着当时的《东京市区改正条例》[1] 的实施，这片原属于日本陆军省的用地出售给民营企业，日本第一个商务办公区建设由此开始。早期建成的办公楼主要是马场先大街沿线西洋风格的红砖建筑，代表性建筑是 1894 年竣工的由英国建筑师康德尔（Josiah Conder）设计的三菱 1 号馆。1914 年东京火车站建成之后，面对东京站的地块成为开发建设重点，新建成的办公楼规模巨大，平面布局和建筑风格受美国纽约和芝加哥中心区的影响（图 2-67，图 2-68），代表性建筑有 1918 年竣工的东京海上大厦和 1923 年竣工的丸之内大厦。

日本经济高速增长时期对办公楼需求大幅增加，促使大丸有地区进行大规模更新重建。20 世纪 60 年代，随着日本对超高层建筑建设的解禁和采用容积率为城市规划控制指标，大丸有地区迎来了城市更新热潮，进行了大规模更新改造，规整城市路网，将原来的小规模地块整合起来建设大型商务办公楼。这一轮的更新形成了现代化的商务办公区，也是亚洲第一个建成的当代意义的 CBD。随着日本经济的崛起，至 20 世纪 90 年代初，大丸有地区从规模、经济运行效率、承载国际级公司的数量，以及城市空间形态等方面都已经可以和欧美重要城市的 CBD 相比。

1.《东京市区改正条例》是日本第一部城市规划法规，1888 年由日本政府颁布。在 1919 年日本颁布《城市规划法》之前，《东京市区改正条例》是影响东京和其他日本城市规划发展的最重要法规，确立了城市规划编制和实施相关的基本制度，在保障城市基础设施建设等方面发挥了重要作用。在日文语境中，"市区改正"表示城市改造和城市规划等相关含义。

2. 日本泡沫经济结束后面临的问题和振兴对策

　　日本泡沫经济结束后，由于城市竞争力下滑趋势明显，东京决定在中心城区实施大力度的城市更新，以提振城市竞争力和吸引力。在这一背景下，大丸有地区作为日本最重要的 CBD 开启了规模空前的第三轮建设。东京都政府发布的一系列政策激励是促成这一轮城市更新的最初动力，包括：1997 年的《地区中心建设指导方针》提出将大丸有地区由原先单纯的 CBD 升级为宜人的商务核心区（Amenity Business Core，简称 ABC）；1999 年的《危机突破战略计划》和2001 年的《东京新城市建设构想》进一步引导该地区从单纯的办公地区转变为商业和文化交流功能充实、人气聚集、充满魅力的高品质城市空间，缔造顺应经济全球化趋势的国际商务中心。回顾这一地区 20 年来已经完成和正在执行的更新举措，大丸有地区这一轮大幅度的、软硬件兼顾的升级效果十分显著（图 2-69—图 2-72）。

2.3.2　激发民营资本积极性的城市更新政策

　　2002 年，伴随着《城市更新特别措施法》出台，大丸有地区被指定为城市更新紧急建设区域，大大放开了开发建设的限制条件，并配

图 2-65 东京站周边地区，车站西侧为大丸有地区和皇居，东侧为日本桥地区，此图范围约2.1 公里 ×1.5 公里

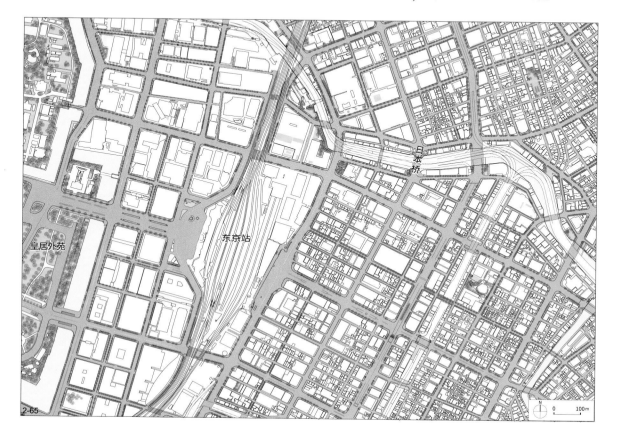

2-65

2-67

图 2-66　2015 年的东京站周边地区

图 2-67　1955 年的东京站及站前区域

图 2-68　20 世纪 60 年代的东京站区域鸟瞰

图 2-69　1992 年东京站区域鸟瞰

图 2-70　2017 年东京站区域鸟瞰

套相关政策，最大限度激发民营资本的积极性，与政府合作开展大丸有地区的再开发，以刺激经济振兴。

城市更新紧急建设区域是指需要紧急、重点推进城市更新建设的区域，是通过《城市更新特别措施法》确定下来的、有特殊政策支持的城市更新重点区域。被指定为城市更新紧急建设区域后，可享受一系列优惠政策。首先，作为城市更新项目中的特例，放宽土地利用限制，并在项目审批环节大大缩短时间；其次，作为民营资本主导的再开发项目，可获得由日本国土交通大臣批准的特殊金融支持和税收优惠；此外，对进一步指定的"特定城市更新紧急建设区域"，即特例中的特例，会追加更大力度的支持政策。大丸有地区属于特定城市更新紧急建设区域，能获得容积率、审批手续、税收和城市配套基础设施等方面的强有力支持，对推进该区域城市再开发发挥了重大作用。没有这种自上而下的政策推动，类似大丸有地区这样高度成熟的城市区域，实现大规模再开发是不可能的。在政策激励下，民营资本的积极性和智慧得以充分发挥，取得了一些单纯从政府部门角度无法设想的、创造性的再开发成绩（图2-73—图2-75）。以下针对两个再开发项目案例进行分析。

2.3.3 大手町连锁型城市更新项目：在拆迁难度极大的情况下滚动实施大型项目

大手町集聚了国际金融、信息通信、媒体等领域的大型企业总部，是承担国家经济运行重大责任的区域。近年来，建筑老旧化程度不断加剧，而信息技术发展和消防应对措施需求逐渐提升，改造更新势在必行。但现有建筑基地十分紧张，且需要24小时不间断运转大型信息系统的企业很多，建筑物就地更新和拆迁工作都很难操作。

为了解决这个难题，由政府牵头，联合各方力量出台了《连锁型城市更新计划》。连锁型城市更新是指将同一区域内可利用的基地——

图 2-71 东京站站前广场和丸之内街区的建筑，近代建筑街区的痕迹——高度控制线和部分近代建筑立面仍十分明显，摄于 2017 年

图 2-72 东京站西侧相邻的城市街道，图中街道位于站前广场南侧，图左侧是东京车站建筑，远处是在这一轮城市更新中完成的超高层建筑，摄于 2018 年

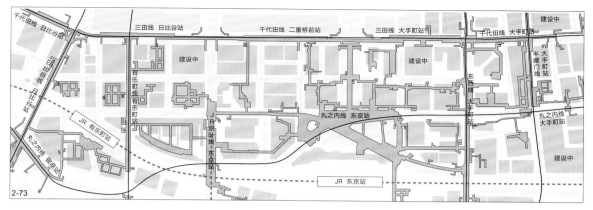

2-73

2-74

2-75

被称为"种子用地"，通常是政府腾挪出来的用地，作为再开发起点建设新建筑，邻近的老旧建筑的土地权利人搬迁至种子用地内落成的新建筑，然后拆除腾空的老旧建筑，用作下一个新项目的建设用地，以此类推，滚动推进该区域内一系列地块的再开发，实现一个区域的彻底更新（图2-76）。

在连锁型城市更新项目中，启动环节由政府推进：一方面提供法规支持，另一方面提供启动项目的种子用地。大手町连锁型城市更新项目的种子用地是以前国家政府机关办公楼占用的一块1.3公顷的国有土地（图2-77）。2000—2002年，政府机关搬迁至大手町政府综合办公中心，腾出这块土地用于启动连锁型项目。2003年，大手町利用国有土地重建国际商务中心的连锁型项目被确定为国家层面的城市更新重点项目，东京都政府、千代田区政府和当地企业等方面共同成立"大手町城市建设推进会议"（多方力量的协调对话机制），着手研究具体实施计划，最终确定的大手町连锁型城市更新项目计划包含以下三方面重要内容。

（1）种子用地的获得和长期持有。从国家机关办公楼用地到城市更新项目用地，需要进行土地权属转换，连锁型城市更新项目周期远远超过单一更新项目，地价变动的风险和不确定性很大，而且必须长

图2-73 东京站及大丸有地区地下网络示意图。浅蓝色表示皇居外围的护城河，橘色表示地下公共步行通道和相连的地铁站，深灰色表示建筑物地下范围，浅灰色表示地面道路，黑色实线表示地铁线路，虚线表示一组JR轨道线路

图2-74 大丸有地区的地下步行空间，一般会结合人防和商业，图中是两侧都布置商铺的情况，摄于2018年

图2-75 大丸有地区内，改造更新后以步行为主的典型街道景象，图中是丸之内仲街，摄于2017年

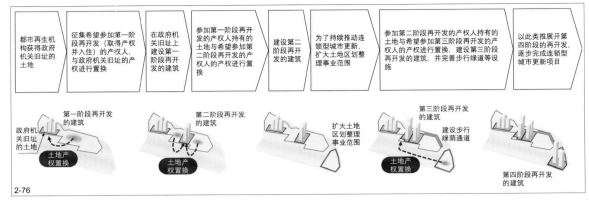

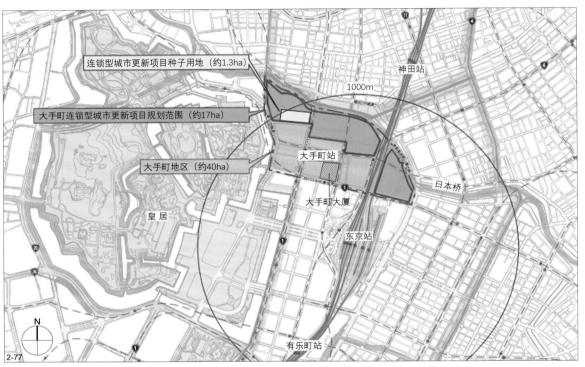

图 2-76 大手町地区连锁型城市
更新项目模式示意图
图 2-77 大手町地区连锁型城市
更新项目范围及周边区域

期持有直到整个连锁型项目结束。2005 年，种子用地由下一步负责实施土地区划整理事业项目的都市再生机构获得，并将土地 2/3 股权以信托方式转让给民营资本，形成了国有力量和民营企业共同承担风险，共同实施这一连锁型城市更新项目的基本格局。

（2）大手町连锁型城市更新项目是重要的土地区划整理事业项目，在土地利用政策方面体现出两个突出特点：首先，都市再生机构是项目实施主体，进行外围道路的局部拓宽和日本桥沿河步道等公共设施的建设，实施区域达 17.4 公顷，根据政策可获得容积率奖励，大幅提升再开发项目的容积率；其次，利用换地方式实现再开发前后的土地所有权等价交换，将希望在种子用地内获得（换得）土地产权的相关土地产权人集中起来，根据这些产权人的要求和土地特点进行种子用地的开发建设，新建筑建成前，将进行换地的土地产权人仍可继续使用原有地上的建筑（再开发建设期间土地产权双重利用），对于土地产权人极其有利。

（3）各个地块实施市街地再开发事业项目。在通过土地区划整理事业项目实现该区域市政设施提升并获得容积率放宽优惠的基础上，由相关土地权利人成立再开发组合，实施市街地再开发事业项目。以往由多位土地产权人各自持有的住宅等各类用地将实现整合，统一进行再开发规划设计，实现整体高度利用，并引导再开发项目提供公共空间等政策鼓励的内容，获得进一步的容积率奖励。土地整合、权益平衡和土地所有权变换等环节均由再开发组合依照法律程序执行。

2017年10月，大手町连锁型城市更新第3阶段再开发项目已竣工，第4阶段常盘桥地块再开发项目在进行之中，预计2027年竣工。

2.3.4 顶级 CBD 内的新模式超高层项目——大手町大厦和大手町森林

2014年4月，位于大手町连锁型城市更新项目实施区域南侧的大手町大厦超高层建筑竣工，建筑底部设有3600平方米的公共开放绿地——大手町森林，这片绿地与建筑两侧入口、门厅、地下一层公共空间和连通地铁的通道形成一体，形成高密度 CBD 内一处富有特色的城市场所和景观（图2-78—图2-80）。

这个项目用地位于特定城市更新紧急建设区域内，再开发项目提出了三项对整个区域产生贡献的举措，通过评估后获得容积率奖励。这三项举措是：①打造公共开放绿地，形成 CBD 内一处小型树林公园——大手町森林（图2-81）；②完善地面和地下步行网络，尤其是从建筑底层和地下层共享大厅可直达周边轨道交通站点，形成大手町的"中央车站"；③功能上增设国际品牌酒店——安缦酒店入驻顶部，丰富区域复合功能。由于这些举措有助于整个区域实现提升城市基础功能、提升城市魅力以及提升国际商务中心竞争力的三个目标，该项目在2007年8月城市规划确定环节中获得当时东京都内最高指定容积率16，这个容积率指标助力该项目获得巨大成功。

根据上位规划《大丸有地区城市建设导则》（2000年制定，2014年再次修订）中制定的"将每栋建筑的开放空间和地下通道连成网络，提升区域活力"的再开发指导方针，大手町大厦的裙房和地下层部分的设计将公共开放绿化、室内外公共空间和步行网络统一考虑，最大限度地确保大手町森林的面积，将自然光导入地下一、二层室内公共空间，并在流线组织上消除地面与地铁站站厅之间的巨大高差，而且

图 2-78 大手町大厦，图左下角的绿地是大手町森林，位于大厦西侧

图 2-79 大手町大厦相邻街道——南侧的主要城市道路永代大街，图中是从西向东所见街景

图 2-80 大手町大厦相邻街道——东侧的大名小路，图中是人行道空间，右侧是大手町大厦的入口

图 2-81 大手町森林内的人行空间环境

(a) 面向大手町大厦的步行小路，顺图中尽端的扶梯而下，可达位于地下一层的下沉广场

(b) 面向永代大街的步行小路，图右侧的玻璃构筑物是设置的可吸烟区域

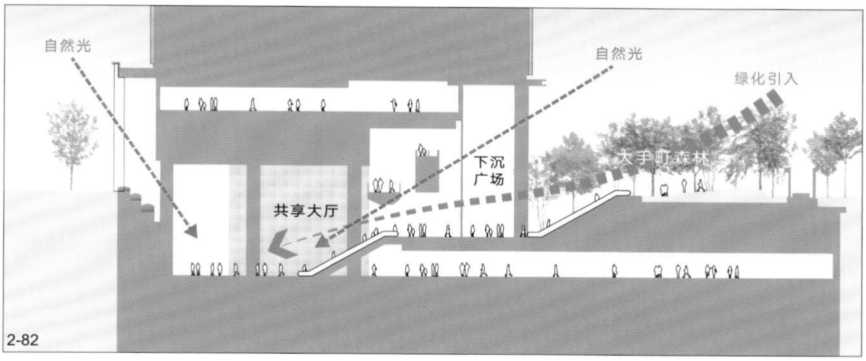

图 2-82 大手町大厦的裙房剖面示意图，图中建筑左侧是建筑东侧的街道大名小路

在地面和地下一、二层公共空间周边布置了大众化的功能，如便利店和面向上班族的餐饮店，形成了这栋超高层建筑门口标志牌上安缦酒店和便利店同时出现的场景，无疑是对该区域城市公共空间和公共设施网络的完善。建筑地下二层至地上二层之间形成大尺度的共享开放空间，地下二层设有连接地铁站站厅的公共通道，地下一层与室外的下沉广场相通，地面层则与大手町森林和临街入口门厅相连。整个共享空间将步行网络和室内外公共空间无缝衔接，地面行人与地下通道内的来往人群形成互动，地铁站通道成为看得到地面景观的全新空间（图 2-82—图 2-84）。

项目建成后，大手町森林和下沉广场与基地周边的步行网络相连，成为深受欢迎的场所，而且因为丰富多样的植物装点，四季景观不同，受到广泛赞誉（表 2-4）。2018 年，从丸之内穿过大手町通往日本桥方向的城市步行网络基本成形，全面建成一个涵盖地下通道、地面道路、局部高架平台和公共绿化等要素的立体网络。大手町大厦位于这个步行网络的核心位置，其地下公共空间、开放性特点的裙房部分和地面公共绿化通过这一步行网络与周边城市环境衔接更加紧密，将为该地区今后的发展发挥更大作用（图 2-85）。

表 2-4 大手町大厦和大手町森林项目概要

项目业主	东京 Prime Stage 有限公司（东京建筑与大成建设合资公司）
项目基地面积	11 038 平方米
建筑占地面积	5796 平方米
总建筑面积	198 468 平方米（含不计容积率的部分和容积率奖励的部分）
建筑密度	53%
容积率	16.0
竣工时间	2014 年

资料来源：日本设计

图 2-83 位于地下二层的共享大厅，透过玻璃幕墙能看见位于地面层的大手町森林

图 2-84 从共享大厅前往地铁站站厅的地下通道，整个空间通高三层，上部可引入地面自然光线，两侧均布置了商铺

图 2-85 大手町大厦北侧的未更新地块，图右侧是大手町森林

2.3.5 地区建设机制与可持续发展

1. 政府与民营资本合作推动城市建设

除了上述两个案例外，谈到大丸有地区的城市更新，不能忽视政府与民营资本合作的机制特点。为了提振大丸有地区的竞争力，1988年成立了由 80 名土地权利人组成的"大丸有地区再开发协议会"。1996 年，该协议会与 JR 东日本、东京都政府、千代田区政府共同设立"大丸有地区城市建设恳谈会"（多方对话协商机制），通过恳谈会于 1998 年制定了针对大丸有地区再开发的初步导则，并进而于2000 年推出《大丸有地区城市建设导则》（2014 年再次修订），为这一重要地区的再开发项目提供统一指导文件。

大手町连锁型城市更新项目以建立"大手町城市建设推进会议"

机制（始于 2003 年）作为项目开端。根据大丸有地区的城市更新经验，在利益相关方面众多、权利关系复杂的大型项目的推动中，政府与民营资本合作的机制不可或缺。该地区目前仍在进行或计划若干大型再开发项目，这些充满挑战性的超级项目都是建立在 1988 年以来，历经 30 年不断实践摸索形成的政府与民营资本合作机制的基础上。

2. 今后的课题

大丸有地区大刀阔斧进行城市再开发，无疑需要城市提供稳定的办公需求。有媒体预测，2018 年以后，东京办公楼市场将出现供过于求的状况，这是需要提前考虑和采取应对举措的问题。在东京中心城区，品川、六本木、赤坂、新桥—虎之门等地区都在开展大规模再开发，大丸有地区的再开发和提升改造也将持续，如何保持本地区特色和竞争优势是重要课题，应该在硬件和软件两方面综合考虑。

硬件方面，大丸有地区内部的步行网络和服务设施还要继续完善，防灾系统和节能环保设施从建筑单体到整个区域将实现新技术应用全覆盖。此外，2020 年东京奥运会闭幕后启动的首都高速公路地下化大型项目将改变日本桥周边的空间格局，如何实现日本桥地区与大丸有地区的联动也是一个大课题。软件方面，由居民、业主、土地所有人等方面联合组成的区域管理组织——大丸有区域管理协会于 2002 年成立，是日本第一个由本地力量组织建立的参与区域管理的民间组织。这个区域管理协会将为维护和提升区域环境及区域价值发挥越来越重要的作用。

案例扩展文献

[1] 日本三菱地所设计. 丸之内：世界城市"东京丸之内"120 年与时俱进的城市设计 [M]. 北京：中国城市出版社，2013.

[2] 独立行政法人都市再生机构东日本都市再生本部都心业务第 1 部. 大手町連鎖型都市再生プロジェクト [R]. 东京：都市再生机构，2014.

[3] 佐藤俊輔. 自然の森と地下鉄駅が一体となった都心空間—大手町タワー— [EB/OL]. (2016-11-10)[2017-12-22]. https://www.uit.gr.jp/members/thesis/pdf/honb/517/517.pdf.

[4] 周国平. 构建 ABLE 城市 促进 CBD 向 ABC 转换：从东京丸之内再开发看现代 CBD 的发展趋势 [J]. 科学发展，2010(3)：107-112.

[5] 张皆正，李亚明. 东京丸之内车站的保护、修复与扩建 [J]. 建筑创作，2011(5)：176-179.

第 3 章

轨道交通枢纽及周边区域大规模综合开发

3.1 品川站东口开发

品川站东口开发项目是日本 20 世纪 80 年代经济高速增长期结束后，在原日本国铁持有的轨道交通附属用地上进行 TOD 模式再开发的典型案例。这个案例综合体现了国家层面的改革政策、城市管理部门和民营资本的共同努力，将低效能的准工业用地转变为国际总部办公区（图 3-1）。这个案例也激发了东京其他类似 TOD 再开发案例。

3.1.1 品川站东口开发项目背景

品川一直是东京重要的交通枢纽，江户时代就在此处建有宿场町[1]，之后成为日本东海道区域首要的宿场町。现在的品川站就位于当初的品川宿场町位置，是东京南面的交通门户，2016 年的日均客流量达 37 万人次，在日本 JR 车站中名列第 5 位。品川站是 JR 山手线、京滨东北线与中距离列车东海道线、横须贺线的换乘车站，是连接横滨三浦半岛方向的私铁京滨急行线路的起点，东海道新干线也经过该站，各条铁路线之间的换乘乘客数量众多。

品川站东口开发的最主要动因是 20 世纪 80 年代后期日本国铁的民营化改革。当时，日本经济高速增长期趋于结束，中央和地方政府的财政都十分紧张，而国铁背负大量赤字。1987 年日本政府将国铁分割为七个公司，将国有经营权转为民营（这些民营化的公司形成今天的日本铁道集团），并清理国铁拥有的土地，向民营资本出售土地资产来偿还巨额债务。在国铁等国有企业民营化的背景下，将国有土地向民营资本转移，这是日本政府吸引民营资本参与大规模城市再开发的政策导向，并以此提振经济。品川站东口开发土地是最早卖给民营资本的土地之一（图 3-2）。

品川站东西口两侧存在显著的地价差，这是促进东口大规模开发的有利条件。由于轨道线路分割，品川站东西两侧的联系很弱，土地利用上也有很大差距。西侧土地地势较高，是高轮台和池田山等山脉边缘的台地，这些台地历史上就是高档地区，建有较多高档住宅和大型酒店，具有较高商业和不动产价值；车站东侧一直是国铁的车辆基地，用于夜间停车和车辆检修，属于准工业用地，范围有 16 公顷。东侧土地价格仅为西侧土地的 1/5 左右。由于品川站的交通枢纽地位，品川站周边地区制定了改善车站东西两侧连通状况的开发规划，品川站东口土地的开发潜力和升值预期被普遍看好，有机会通过较高价格出让土地来获得整个区域开发和提升的资金支持。

3.1.2 项目开发过程和主要问题

1. 分期开发与多方合作机制

这个用地达 16 公顷的开发项目分为两期，第一期用地 4.6 公顷，通过招投标出让给民营房地产企业日铁兴和不动产（原为兴和不动产），第二期用地 11.4 公顷，先由国铁清算事业团（负责国铁资产清算的机构）持有，待确定规划方案后再分割为若干地块转让给民营企业进行开发[2]。第一期用地出售和开发商的介入是整个东口开发项目的第一步，标志着政府和民营资本将合力进行城市区域改造开发，将准工业用地和影响周边区域交通情况的地段改造为东京一个高档办公区的进程正式启动（图 3-3）。

东京都都市整备局[3] 通过组织项目协调会议来推进项目规划方案的落实，协调会议主要由三方组成：一是再开发项目权利人，有日铁兴和不动产、国铁清算事业团和 JR 东海（东海道新干线的运营主体）；二是行政管理方，包括东京都和港区两方的城市规划管理部门；三是由日本设计担任的规划设计顾问单位。由政府管理部门主持协调会议，目的是在公平保障民营企业开发行为的同时，寻求开发项目对该城市区域的贡献度与合理容积率之间的平衡。为达到这一目的，在 2 年时间里共召开了 100 次以上的协调会议。

2. 两期用地间的衔接问题：城市公共空间质量和容积率

在制定规划方案过程中，针对两期开发用地衔接问题的讨论主要集中在城市公共空间——两期用地之间是否设置道路，还是都在面向分界线的部分设置公共空间？考虑到将这样的准工业用地的土地性质进行大幅转变时，必须完善城市公共配套服务设施，如何确保城市公共空间，并实现高容积率建设是重点问题。

一方面，为保证项目开发的合理盈利，不论是已获得第一期用地的日铁兴和不动产，还是暂时持有第二期用地的国铁清算事业团，都提出了必须实现容积率 9 以上的规划诉求。另一方面，在此之前，高层建筑项目的常规做法是在各自地块内设置公共空间，然而根据当时的综合设计标准，若按常规方式确保各个地块的公共空间则根本不可能实现容积率目标。在这种情况下，国土交通省制定了新制度，即《再

---

1. 宿场可理解为中文的"驿站"，宿场町指的是当时政府以宿场为中心设置的一个住宿小镇，为江户时代路经此地的人员及马匹提供住宿和休息场所，并有处理信件等功能。
2. 两期用地中均包含城市道路和广场等用地。
3. 此处用日文汉字原名称，都市整备局相当于中国城市中的规划管理部门。

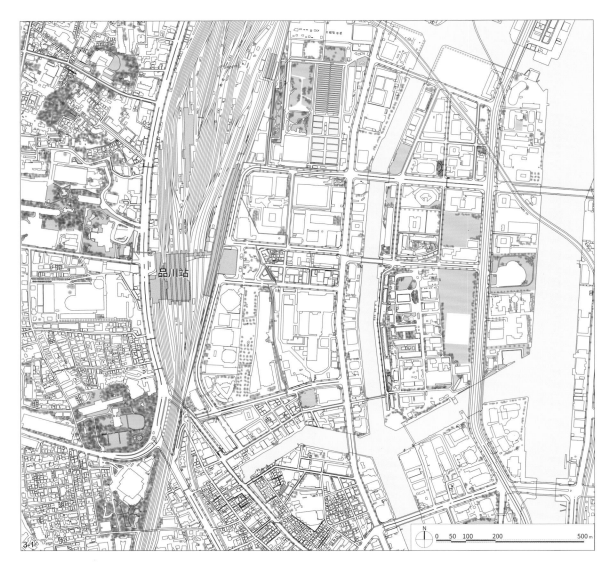

品川站

3-1

开发地区规划》（现为《再开发促进区的地区规划》），根据开发项目对周边城市的便利性和环境改善的贡献程度，通过一定的计算公式，可对其容积率进行奖励，这一制度为利用民营资本的城市开发项目带来更多选择。在这样的政策激励下，规划设计顾问单位向协调会议提出了多轮方案，最终确定将两期开发用地内各个地块的公共空间都集中布置在中央，所有地块都拥有舒适的公共空间（图3-4）。

除了设在两期土地之间的步行大空间"中央花园"外，整个开发区域规划了无障碍步行平台网络——步行大平台，所有新建筑的2层标高都与这个大平台一致，相互无缝连通并和品川站2层站厅相连。大平台环绕中央花园，使包含若干栋高层建筑的开发区域具有城市空间上的统一感，也塑造了区域的场所特征。此外，设置了地下环形车道，在地下连接各个高层建筑，减缓地面道路压力。这三项改善周边城市

图 3-1 品川站东口开发项目及周边区域，此图范围约 1.9 公里 ×1.8 公里

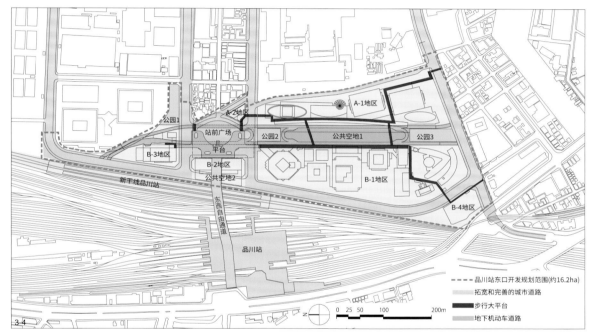

A-1地区

公园1
A-2地区

站前广场
公园2
公共空地1
公园3

平台

B-3地区
B-2地区
公共空地2
B-1地区

新干线品川站

东西自由通道

B-4地区

品川站

品川站东口开发规划范围(约16.2ha)
拓宽和完善的城市道路
步行大平台
地下机动车道路

0 25 50 100   200m

N

环境、提升便捷度的重要举措，对地区公共设施提升具有重大作用，根据东京都相关开发奖励标准可获得容积率奖励，从而使该项目的容积率能达到一期的9.1和二期的10.1。

3. 新干线新车站的积极利用

在协调会议上，作为再开发项目权利人之一的JR东海在开发过程中提出了在品川站建设新干线新站点这一具有重大影响力的提案，得到了其余开发单位的积极响应。东海道新干线于1964年开通运营，在东京站始发，开往大阪方向，虽然路线上经过品川站东侧，但此前并未设置车站。随着利用东海道新干线往返东京与大阪之间的人数增多，其班次调整为间隔5分钟一班，JR东海亟待增加运输能力来满足新干线的运营需求，然而，当时东京站在运营上已处于饱和状态，无法为

图 3-2 品川站及周边区域开发前的状况，摄于1986年
图 3-3 品川站东口开发项目建成后鸟瞰，摄于2015年
图 3-4 品川站东口开发项目及周边地区规划示意图。此图表明开发项目与周边城市道路及与车站的连接关系，项目范围内的步行大平台与站前广场平台、东西自由通道在同一标高相连。该项目为分区开发，图中"A-1地区"等标识为项目分区编号

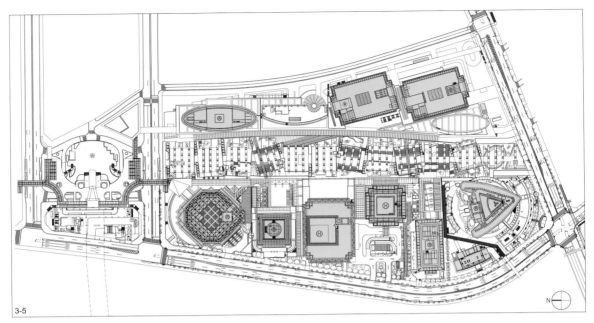

3-5

3-6

3-7

其增设铁轨。于是 JR 东海提出将其持有的用地稍微向东侧扩张以设置新干线品川站，并设置始发列车。此外，利用羽田机场往返东京与大阪之间的商务旅客非常多，与东海道新干线处于竞争关系，从经营策略上看，把品川站设为首末站提高交通便捷度，有助于增加 JR 东海的竞争力。在 JR 东海提出建新干线新站点的基础上，其余开发单位进一步提出实现与新干线新站点直连的规划设想，可更大程度地提升项目的整体价值。由此，新干线新站点建设不仅增加了品川站东口的开发潜力，还加快了整体项目的开发速度。

图 3-5　品川站东口开发项目总平面图，图中灰色标识为开发项目的高层建筑

图 3-6　品川站东口开发项目一期

图 3-7　品川站东口开发项目整体

4. 公共设施的维护管理及运营方式

根据东京都要求，在审批通过规划方案之前，必须确定竣工并投入使用后的公共设施的维护管理及运营方式。通过日铁兴和不动产与国铁清算事业团的共同协调，将部分用地划给 JR 东海用于新建新干线

图 3-8 位于一、二期开发项目之间的中央花园

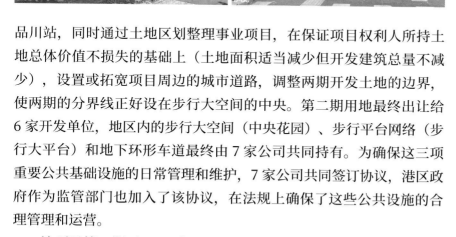

品川站，同时通过土地区划整理事业项目，在保证项目权利人所持土地总体价值不损失的基础上（土地面积适当减少但开发建筑总量不减少），设置或拓宽项目周边的城市道路，调整两期开发土地的边界，使两期的分界线正好设在步行大空间的中央。第二期用地最终出让给6家开发单位，地区内的步行大空间（中央花园）、步行平台网络（步行大平台）和地下环形车道最终由7家公司共同持有。为确保这三项重要公共基础设施的日常管理和维护，7家公司共同签订协议，港区政府作为监管部门也加入了该协议，在法规上确保了这些公共设施的合理管理和运营。

该项目第一期于1998年竣工，总建筑面积33.7万平方米。2003年，第二期的6栋建筑先后竣工，总建筑面积58.5万平方米，新干线品川站也投入运营。历时17年，一个总建筑面积92.2万平方米的TOD综合开发成功实现，成为东京都一处重要的国际总部办公区（图3-5—图3-13）。

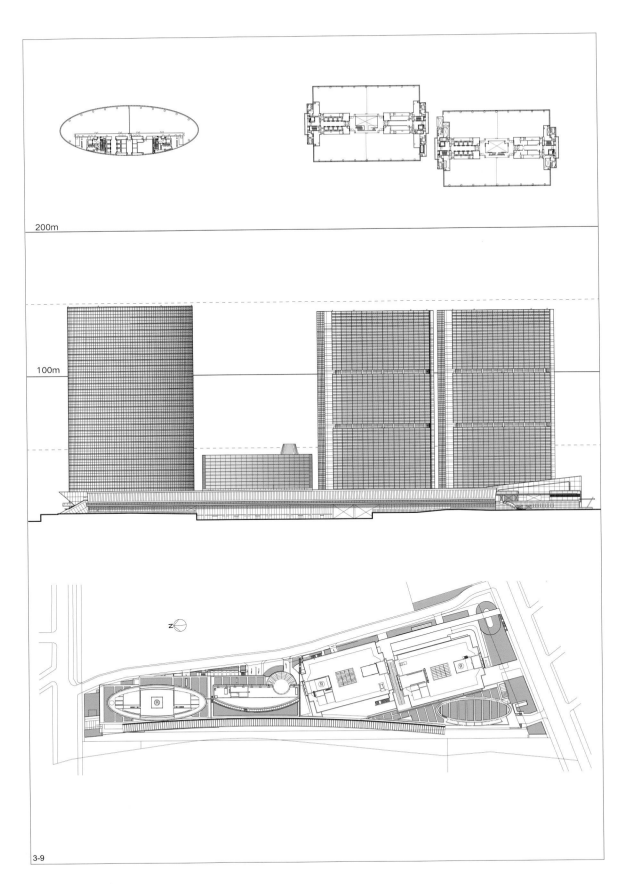

200m

100m

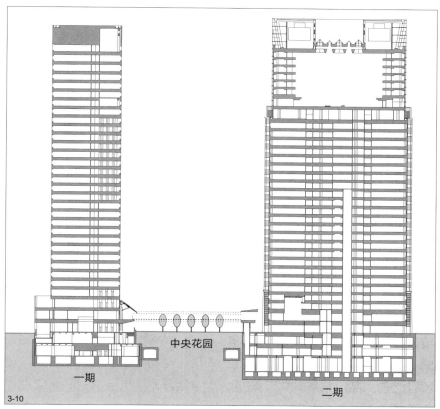

中央花园

一期

二期

3-10

3-11a

3-11b

图 3-9 品川站东口开发项目一期的总平面图、立面图和标准层平面图

图 3-10 品川站东口开发项目剖面图，图中为项目一、二期最北端的两栋建筑，左侧为一期，右侧为二期，中间虚线表示跨越中央花园并连接一、二期项目的空中连廊

图 3-11 品川站东口开发项目一期建筑外观

图 3-12 品川站东口开发项目内的中庭空间

图 3-13 品川站东口开发项目内的典型办公空间

3.1.3 规划设计：开发区域一体化并与城市有机衔接

规划设计的一体化策略主要体现在两项城市公共性内容。其一是一、二期开发项目共享的中央花园（图 3-14）。这一大型公共空间南北贯通，宽约 45 米，长约 400 米，面积近 2 公顷，绿树繁茂，不仅为相连的各个地块提供了舒适的采光和通风环境，也对周边城市区域开放。设计充分利用了基地南北间存在的地形高差，通过多样的景观环境设计和艺术小品的布置，营造了丰富宜人的室外休憩空间（图 3-15，图 3-16）。其二是完整连接一、二期项目及品川站的步行系统。开发项目之前，品川站与其东侧土地的连通性很差，地下通道的利用效率非常低，且雨天会发生积水。开发项目要在东口新建建筑面积超过 90万平方米的办公综合体，必须为利用轨道交通通勤的就业人员建造顺畅的步行动线。在这一思路下，规划设计的新步行系统体现出两个重要意图：首先，在开发项目内建造跨越中央花园，环通一、二期各栋开发建筑的无障碍步行大平台，将一、二期项目连接为一个整体。其次，为保障开发项目和品川站之间、品川站东西两侧之间能顺畅连通，项目开发单位联合其他参与项目的大型企业共同出资，在 JR 东海的协助下，新建了穿越品川站检票区域的东西自由通道（图 3-17，图 3-18）。这条步行通道连接车站东西两侧，通道宽 20 米，高 8.7 米，总长度约250 米，两侧均设有进出车站的检票口。东西自由通道、东口站前广场平台和开发项目内的步行大平台在距离地面 5.5 米的同一标高相连，与步行大平台相连的各栋开发建筑的地上二层也全部与这个高度对齐，实现了开发项目与品川站之间的无缝连通（图 3-19，图 3-20）。

此外，该项目在规划设计中还考虑了与周边城市区域在机动车组织上的有机衔接，为重塑该区域道路网络做出贡献。基地周边原有道路宽度仅 9 米，若建筑面积 90 万平方米的办公综合体建成，整个地区的机动车交通量将大幅增加，势必发生拥堵。根据东京都规定，该类项目在规划阶段，有义务进行交通影响评价，并将规划方案与交管部门进行协商，做出与开发规模相符的路网规划，这是规划方案要获得

图 3-14 品川站东口开发项目内的中央花园，左侧是开发项目一期

图 3-15 跨越中央花园，连接两侧步行平台的空中连廊

图 3-16 开发建筑底层面向中央花园的室内外空间。建筑底层开放为公共空间，图中为周末举办市民活动的情况

(a) 室内景象，右侧是环绕中央花园的步行平台

(b) 室外景象

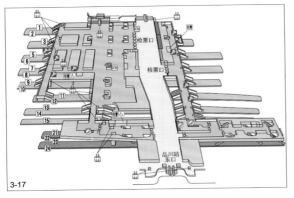

3-17

3-18

3-19

3-20

3-21

3-22

图 3-17 品川站及东西自由通道示意图。东西自由通道连接车站东西两侧，完全开放，将车站检票区域一分为二，两侧均设检票口

图 3-18 品川站东西自由通道内景

图 3-19 品川站东口站前广场，车站人流由站前广场平台接开发项目内的步行大平台通往各栋建筑

图 3-20 与站前广场相连、通往南侧开发项目地块的步行大平台

图 3-21 位于地下层的环状机动车道路，其上方是中央花园

图 3-22 在地面层设置的开发项

审批通过的最基本条件。通过协调会议的讨论，除了确定将项目基地周边主要道路拓宽到 25 米，并补充完善了区域路网外，还在开发用地范围地面层和地下层设置了连通各栋建筑的环状机动车道路，满足各栋建筑机动车使用需求（企业用车和货运物流等服务车辆）（图 3-21，图 3-22）。根据机动车从周边道路前往各栋建筑时引发的交通堵塞的模拟结果，确定了项目用地内车道网络的设计方案，降低了周边道路三至四成的机动车交通负荷（图 3-23）。

3.1.4 项目对周边影响和遗留问题

由于品川站东口开发项目的带动，东口相邻地块以及品川站西口

区域也进行了大规模的城市再开发，品川站周边区域的重要性显著提升，积极影响范围扩大，这促使在品川站北侧与田町站之间设立一个山手线新车站的构想也得到推进。通过这些城市再开发举措的叠加效应，品川站周边区域作为直通羽田机场的一大办公商业集群为提升东京的国际竞争力发挥了巨大作用。

目内部的机动车通道和少量停车位，位于裙房或平台之下
图3-23 开发项目周边次要街道的人行空间，大型开发项目建成后依然保持了安静的街道氛围
(a) 项目东侧街道
(b) 项目南侧街道，顺图中楼梯而上，是开发项目内的步行大平台

　　这个开发仍留有若干问题需日后逐步解决，如：①项目的辐射效应虽然推动了周边办公建筑的开发等，但由于未制定地区总体的设计导则，造成地区内不同开发项目间缺少统一性和关联性；②仍有尚未被开发利用的工业用地；③虽然为行人设置了跨越车站的东西自由通道，但整个区域的道路网被铁路隔断，车站东西两侧区域的连通仍需改善。

案例扩展文献

[1] 寺嶋清. 品川区における密集市街地整備の取り組み [J]. 市街地再開発, 2015, 11(547): 8-12.

[2] 山田眞左和. JR东日本の大规模开发：品川车両基地迹地开发 [J]. 市街地再开发, 2017, 5(565): 31-35.

[3] 东日本旅客铁道株式会社总合企画本部品川·大规模开发部. 都市开发品川开发プロジェクト：グローバルゲートウェイ品川 [J]. 都市と交通, 2016, 1(100): 52-55.

[4] 三谷徹, 戸田知佐. 歩行者大空間（品川セントラルガーデン）都市の「もり」·都市の「みち」[J]. ランドスケープデザイン, 2003, 9(33): 58-65.

[5] 三菱商事, 三菱地所設計, 大林组. 超高层の谷間に"都市の森"[J]. 日経アーキテクチュア, 2003, 6(746): 28-40.

[6] 吴庆书, 三谷徹, 曲赛赛. 现代景观设计中叙事手法的应用：以日本东京都品川中心花园设计为例 [J]. 中国园林, 2011(4): 48-51.

3.2 汐留地区整体开发

汐留地区整体开发与品川站东口开发具有相似的背景，都是 20 世纪 80 年代日本经济高速增长期结束后，原日本国铁重要站点附属用地引入民营资本，通过大规模再开发进行转型，并建设高品质商务办公聚集区的 TOD 模式重要案例。品川站东口开发对汐留地区整体开发有积极影响，但后者在立体交通组织、公共空间网络及众多开发地块之间组织协调等方面体现出更加复杂和多元的特点（图 3-24）。

3.2.1 汐留站的历史变迁与开发项目背景

1. 历史变迁：曾是东京重要的货运枢纽站

汐留这一地名起源于江户时代初期，此前，汐留地区只是海边一片滩涂地。德川家康进入江户设立幕府后，自 1603 年起，幕府命令诸藩大名协助修建江户城，在此处填海造地也是当时的工程内容。为了避免江户城外的护城河受到潮汐影响，在大海和护城河之间修建了调解水位的潮汐池，汐留由此得名。

进入明治时代后，政府接管了汐留地区德川直系大名的宅邸，并在此处建造了火车站。1872 年 10 月 14 日，日本第一条铁路——新桥至横滨的铁路正式开通，美国人理查德·布雷根茨（R. P. Bridgens）设计的新桥火车站也正式投入使用。该火车站采用了木屋架石材墙体的木石结构，是日本最早的西洋式建筑之一，在当时有很大影响。1873 年 9 月，往返于新桥和横滨之间的日本第一列货运列车开通运行，新桥站成为当时东京最重要的交通枢纽（图 3-25）。

1914 年，新桥火车站的客运交通功能被新建成的东京站所取代，原国铁山手线上的乌森站被改名为新桥站，原新桥火车站则被改做货物专用车站，并更名为汐留站。战后初期，由于铁路货运发达，汐留站成为当时物流运输的重要据点，为战后日本经济复苏和增长发挥了重大作用。1959 年，从汐留站到大阪梅田站的日本第一列集装箱货运列车开通。自 1964 年起，汐留站逐渐成为通往名古屋、大阪方向的货运列车的枢纽站（图 3-26）。同时，由于毗邻被称为"东京厨房"的筑地水产市场，这里也是重要的物流中心。

2. 开发背景：失去货运枢纽功能后的转型

随着卡车运输的宅急便（日本快递业品牌）的兴起，铁路货运业务不敌公路货运的竞争，逐渐衰退。同时，由于铁路货运改为以集装

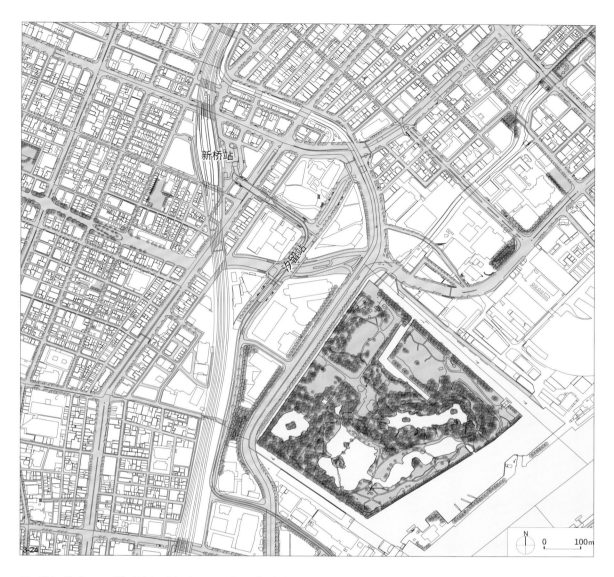

新桥站

汐留站

N   0   100m

图3-24 汐留地区，此图范围约
1.7公里×1.6公里

箱列车为主，而汐留站面积有限，难以堆放大量集装箱。1986年11月，
汐留站停用，其货运功能转移至位于品川区八潮的东京货运枢纽站，
汐留站作为货运枢纽的历史结束了（图3-27）。

　　在其后的一段时间内，汐留站的31公顷土地由国铁清算事业团持
有。当时国铁的大量赤字亟待清算，而政府财政十分困难，要盘活铁
路事业转变遗留下来土地解决赤字清算问题，亟需民营资本注入。与
汐留站土地情况相似，相距不远的品川站东口开发项目（也是国铁遗
留土地的大型开发）当时已经开始建设，第一期开发项目1998年竣工，
这是利用民营资本对国铁遗留土地进行开发建设的第一个成功案例，
为汐留开发起到了示范作用。在此背景下，1995年，由东京都政府主导，
通过土地区划整理事业制度将土地由国铁清算事业团出售给民营企业，
民营资本成为汐留地区整体开发的主力（图3-28）。

图 3-25 新桥火车站历史照片
图 3-26 汐留站作为货运枢纽站时的历史照片
图 3-27 汐留站停用后、开发前的地区鸟瞰
图 3-28 开发后的汐留地区鸟瞰

3.2.2 项目开发的主要特点

1. 项目基地的优势条件

　　项目基地在区位和交通两方面优势明显（图 3-29）。基地紧邻新桥站这一重要交通站点，10 分钟内可步行到达。基地周边相邻地区大都是东京中心城区的重要商业或行政区域，西侧是从新桥站到虎之门、神谷町的繁华商业区以及霞关的政府机关集中区域，北侧是银座、筑地等东京著名观光购物地，东侧有面积约 25 公顷的滨离宫恩赐庭园，可远眺东京湾及彩虹桥，视野极佳。基地往东南方向是台场（临海副都心），可通过轨道交通百合海鸥号与之相连。基地范围内共有两条轨道交通线，分别从东西和南北两个方向穿过，在汐留地区整体开发前已确定都将在开发范围中心设置站点，一条是 1995 年开通的百合海鸥号（高架轨道线），连接新桥站与台场方向；另一条是 2000 年开通的都营地铁大江户线（环状地铁线），其埋深达地下 4 层。此外，为迎接 2020 年东京奥运会而建设的东京环状 2 号线道路也将东西向横穿项目用地。

2. 统一规划，分块开发

　　汐留地区开发由东京都和都市再生机构负责制定规划方案，日本设计作为都市再生机构的支持力量也参与其中。根据土地区划整理事业相关法规，规划将 31 公顷的基地划分为 11 个大地块，并对道路及其他公共基础设施统一进行规划 [1]，在统一规划的基础上，再划分项目建设用地，分别出让给多个民营企业进行开发（图 3-30）。基于项目基地的优势条件，与相关方面反复协商后，最终确定进行办公、商业、

文化、酒店、住宅等复合功能的开发建设，将开发目标定位于打造总部办公、五星级酒店和高档公寓。

通过招投标获得项目建设用地的民营企业有电通、日本电视、三井不动产、住友不动产等，在遵守规划方案的基础上，各个地块陆续开发，进入全面建设阶段（图3-31，图3-32）。2002年，土地区划整理事业项目的规划确立，并将该区域定名为"汐留Sio-Site"；同年，都营地铁大江户线和百合海鸥号汐留站正式运营；2003年，日本电视台和全日空总部等入驻汐留Sio-Site，汐留城市中心和松下电工东京总部大厦等主要建筑竣工，位于电通总部大厦地下一层、地下二层的商业设施"Caretta汐留"开业；至2004年，有13栋超高层办公楼建成，4家酒店以及数量众多的餐厅、商店通过地下通道和步行平台相互连通，汐留地区发展成为就业人口达61 000人、居住人口达6000人的东京新的金融、商业和文化副中心（表3-1）；2011年，汐留被指定为战略综合特区——亚洲总部特区，助力东京提升国际竞争力。

表3-1 汐留地区整体开发的部分建筑项目概要

街区	建筑名称	高度（米）	地上/地下层数（层）	竣工时间	项目基地面积（平方米）	总建筑面积（平方米）
A街区	电通总部大厦	213	48/5	2002年10月	17 244	231 701
B街区	松下电工东京总部大厦	119	24/4	2003年1月	19 709	47 308
	汐留城市中心	215	43/4	2003年1月		187 750
	旧新桥车站建筑（铁路历史展示厅）	10	2	2003年4月		历史建筑重建
C街区	日本电视台大楼	192	32/4	2003年4月	15 659	130 726
	汐留大楼（东京皇家花园酒店）	172	38/4	2003年4月		79 800
D北街区	汐留媒体大楼（共同通信社）	172	34/2	2003年6月	38 511	66 489
	日本通运本社大厦	136	28/4	2003年6月		54 214
	汐留住友大厦	126	27/3	2004年7月		99 913
	东京汐留大厦	172	37/4	2005年1月		190 257
D南街区	东京Twin Parks	165	47/2	2002年10月	15 565	149 209
I-2街区	汐留芝离宫大厦	112	21/3	2006年6月	15 472	35 015
	汐留大厦	133	24/2	2007年12月		118 573

资料来源：日本设计

---

1. 汐留地区整体开发实质上是新建一个综合功能的城市区域，将原有的大面积轨道交通附属用地经过综合性开发建设与周边城市区域实现有机融合，因此规划方案中包含大量城市公共设施，主要有：城市规划道路，主要有2条道路，宽度16～40米，总长约2170米；交通广场，约2520平方米；开发项目内的城市支路，宽度6～16米，长约1700米；公园2处，约4640平方米。

3-29

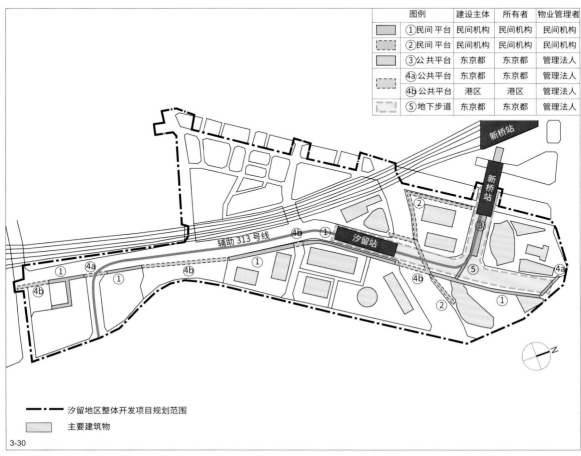

图例		建设主体	所有者	物业管理者
	①民间 平台	民间机构	民间机构	民间机构
	②民间 平台	民间机构	民间机构	民间机构
	③公共平台	东京都	东京都	管理法人
	④a公共平台	东京都	东京都	管理法人
	④b公共平台	港区	港区	管理法人
	⑤地下步道	东京都	东京都	管理法人

新桥站

新桥站

辅助 313 号线   ④b   ①   汐留站

③

②

②

⑤

④a

④b

④a

①

②

—·—·— 汐留地区整体开发项目规划范围

主要建筑物

3-30

3-31

3-32

3. 六层立体交通网络与道路系统

百合海鸥号和都营地铁大江户线是两条贯穿基地的轨道交通线, 百合海鸥号的轨道位于地上三层, 以新桥站为起点, 向东行驶, 在项目基地内转 90 度后向南抵达汐留站, 而大江户线的轨道则位于地下四层, 并计划在地下三层设车站大厅。规划设计要解决两条轨道交通线路换乘存在六层高差的问题。由于在汐留站换乘的旅客较少, 在规划中充分利用这一客观条件, 设计了六层立体交通网络——地上三层是百合海鸥号的轨道及站台, 地上二层是步行平台, 地面层是城市交通干道和辅道, 地下二层是地下步行空间, 地下三层是都营地铁大江户线站厅和地下环形车道, 地下四层是都营地铁大江户线的轨道。封闭的地下一层空间专门用于铺设给水、排水、燃气、电力、电信等管线 (图 3-33)。由于地下四层的都营地铁大江户线轨道采用开挖式施工, 地下的三层空间都得到充分利用, 整体上节约了成本。

这一立体交通网络还与城市有机衔接, 如其地下二层的地下步行空间可连通至基地外的 JR 山手线新桥站; 在地下三层设置了与品川站东口开发项目相同的地下环形车道, 区域内的企业车辆、货车及物流

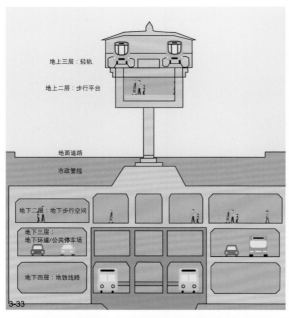

配送车辆都可通过一条地下环形车道进入各栋建筑，减轻了周边道路的交通负荷。

图 3-37 汐留城市中心和松下电工东京总部大厦所在街坊一层平面图

4. 公共空间、环境品质和历史建筑

规划方案中通过设置一系列公共空间和绿化景观等手段，保证了立体交通网络的空间品质，尤其注重地下步行空间和地上二层步行平台的空间环境营造。位于地下二层的步行空间与该区域道路相接的 5 个地块全部在同一标高形成连接，便于各地块之间的相互往来。一系列的下沉广场将自然光引入地下公共空间，大大提升空间品质，也利于识别方向（图 3-34—图 3-36）；而地上二层的步行平台通过绿化景观设计，加上部分路段行道树的设置，营造出高品质街道的空间感受。

开发项目保留了基地内的旧新桥车站历史遗迹，并对其进行保护和再利用（图 3-37—图 3-40），主要包括车站建筑基础、月台及其他相关构筑物等。根据车站原貌，在旧址上重建了旧新桥车站建筑，将其作为日本早期铁路历史展示厅向公众开放。对旧新桥车站建筑的保护、重建和再利用大大提升了汐留地区整体开发的特点和公共空间品质。

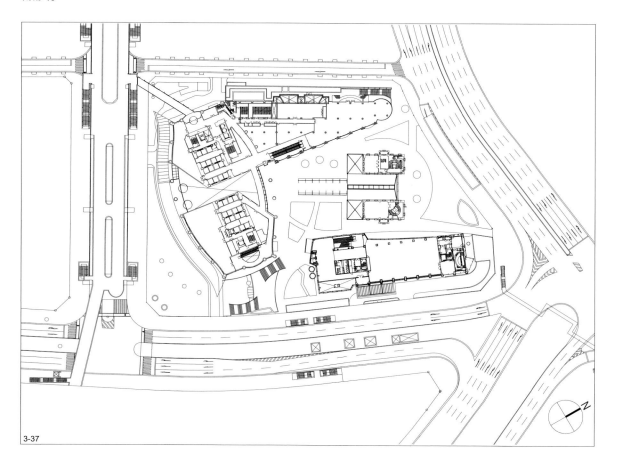

3-37

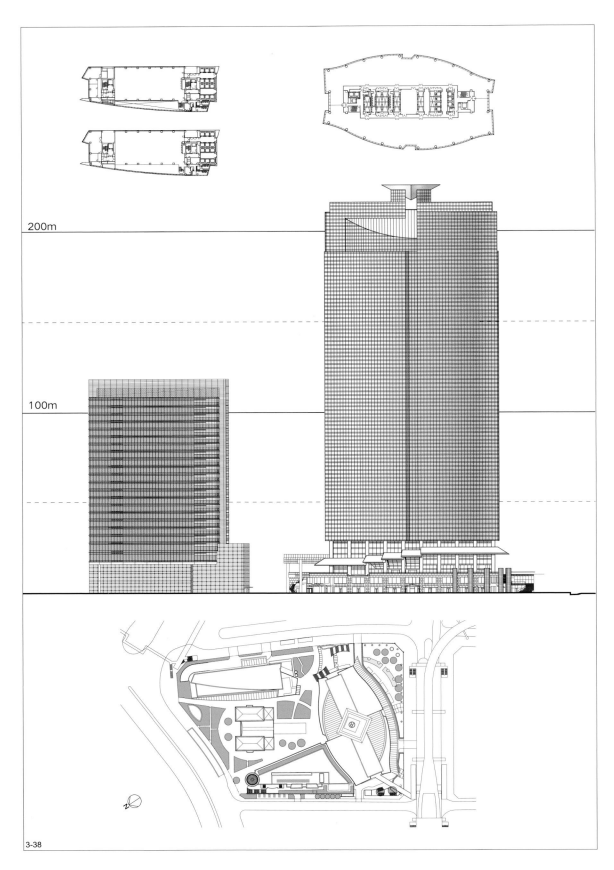

200m

100m

3-38

图 3-38 汐留城市中心（图中右侧建筑）和松下电工东京总部大厦（图中左侧建筑）总平面、立面图和标准层平面
图 3-39 汐留城市中心和松下电工东京总部大厦鸟瞰
图 3-40 位于街坊中心的旧新桥车站建筑（重建），图中左侧是松下电工东京总部大厦

图 3-41 开发范围内连接所有地块和开发项目的高架步行平台，a—f 依次为从基地西北端到南端的几类不同特征的步行平台

5. 通过联合协议会确保整个地区的完整统一性

　　1995 年，土地由国铁清算事业团出售给民营企业的同时成立了汐留地区城市建设联合协议会，这个由各块土地业主组成的协议会是规划方案能被严格执行的重要保障之一。联合协议会与推动地块开发的政府规划部门，以及推动市政基础设施建设的市政部门密切合作，在明确竣工后公共设施的维护管理由土地业主负担的前提下，保证了各地块的开发都能遵守规划制定的规则，从而确保地区内的公共系统和设施能有效合理地与各个地块相衔接。如：所有地块的地上二层和地下二层都为统一标高，各个地块通过地下步行空间和地上步行平台实现了彻底的无障碍连通（图 3-41，图 3-42）。这种复杂、高质量和便利的公共网络使该地区价值大大提升，并优化入驻企业的形象，各块土地业主所持有的物业价值也得到提升，对各地块开发和整体都有益。而各个地块内的建筑形式，则可完全自由发挥，彰显个性。

　　六层立体交通和公共空间系统，以及高质量的环境设计成为汐留地区的重要特征，也为所有业主获得了更大开发权益。这些改善周边

3-42a 3-42b

城市环境和提升便捷程度的举措符合东京都相关开发奖励标准，开发容积率由 4.0 提高到 9.6（个别地块除外）。各块土地业主联合起来共同建设城市公共交通和设施网络，并由此获得利益，这也离不开联合协议会的作用。

图 3-42 高架步行平台与城市街道的衔接
(a) 平台与南北贯穿开发基地的主要城市道路（辅助 313 号线）的衔接部位
(b) 与平台相接的城市街道人行空间，左侧高架是百合海鸥号轨道

3.2.3 项目开发遗留的问题

汐留地区开发的最大遗留问题是对城市气候的不利影响。项目开发前，海风可一路从东京湾吹到皇居，项目开发后，由于新建的摩天大楼鳞次栉比，建筑密度远高于周边地区，一定程度上阻断了贴近地面的风道。根据政府相关部门组织的调查和模拟研究结果，汐留地区的高层建筑群确实对新桥附近的通风情况产生消极影响。针对这一问题，在森大厦、日铁兴和不动产等开发单位的积极参与下，东京启动了"赤坂—虎之门大绿道"等大型城市绿化项目，通过在城市中心打造连续绿化带以缓解热岛现象。

案例扩展文献

[1] 名倉隆雄. 再開発あれこれ: 汐留地区再開発覚書 [J]. 都市再開発, 1999(3): 40-47.

[2] 山口明. 汐留地区の開発計画について [J]. 新都市, 1992, 12(12): 57-65.

[3] 渋谷和久. 汐留再開発地区: 個性をぶつけあう風景 [J]. 日経アーキテクチュア, 2001, 12(707): 98-101.

[4] 田原幸夫. 「復元」「再建」もしくは「再現」[J]. 近代建築, 2003(6): 52-58.

[5] 白韵溪, 陆伟, 刘涟涟. 基于立体化交通的城市中心区更新规划: 以日本东京汐留地区为例 [J]. 城市规划, 2014(7): 76-83.

3.3 大崎站周边地区再开发

大崎站周边地区再开发包含若干再开发项目，是一个基于较小规模车站（相比新宿站和品川站）周边地区建设新的副都心的案例（图3-43）。大崎站周边地区在泡沫经济结束后发展受阻，在2002年《城市更新特别措施法》的刺激下，作为城市更新紧急建设区域在最近十余年中进行了新一轮的再开发（图3-44）。本地组织在政策框架下自主制定了车站周边地区整体发展规划和城市设计导则，在政府部门的协调下，通过各个具体项目的实施，使高强度复合功能再开发与地区整体环境之间达成平衡，也确保合理的城市运营。

3.3.1 地区发展沿革

1. 传统的高档豪宅区

大崎站周边地区位于东京南部、品川以西的位置。江户时代以前就有众多居住人口，比较繁荣。江户时代，这一地区聚集了众多大名官邸和幕府建筑。进入明治时代，日本近代历史上的重要人物伊藤博文、岩崎久弥等人都将官邸建造于此，这一地区内的御殿山、池田山等都是知名的高档豪宅区。1901年大崎站投入使用，1908年此地定名为大崎町，1932年大崎町正式纳入东京市成为品川区的一部分。

2. 近代工业的发祥地

大崎站及周边地区地势较低，有一条河流（目黑川）经过，这一地区靠近东京中心城区和港口，交通便捷，适合作为工厂建设用地。1873年，日本第一家玻璃工厂在这里开业，此后有多家工厂在此设立，并发展成为京滨工业带的一个组成部分。20世纪30年代，索尼和尼康等日本代表性企业陆续在此地设厂，这一地区当之无愧算是日本近代工业发祥地之一。

3. 新的城市副都心

进入20世纪80年代，由于东京的高速发展过于集中，丸之内、新宿副都心的办公楼趋于饱和状态。在这种情况下，东京都政府制定了促进东京形成多中心城市结构的相关规划，规划了一批新的城市副都心，有大崎、临海地区、上野—浅草和锦系町—龟户[1]。在这些新的副都心中，

图3-43 大崎站周边地区重点再开发项目分布情况示意图。车站东侧除大崎新城、大崎门户城和大崎中心大厦外，是2001—2015年间陆续建成的新一轮再开发项目，车站与周边再开发项目通过公共高架步行平台连接

图3-44 新一轮再开发项目建成后，大崎站周边地区城市鸟瞰

---

1. 从发展情况看，大崎、临海地区、上野—浅草和锦系町—龟户这批副都心与此前的副都心（新宿、涩谷、池袋）存在明显差距。

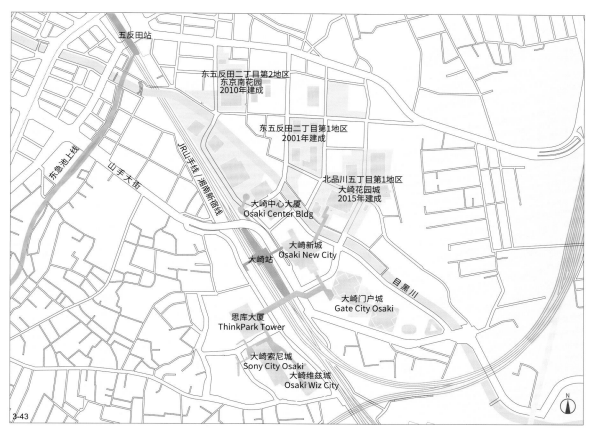

五反田站

东五反田二丁目第2地区
东京南花园
2010年建成

东五反田二丁目第1地区
2001年建成

北品川五丁目第1地区
大崎花园城
2015年建成

大崎中心大厦
Osaki Center Bldg

大崎新城
Osaki New City

大崎站

目黑川

大崎门户城
Gate City Osaki

思库大厦
ThinkPark Tower

大崎索尼城
Sony City Osaki

大崎维兹城
Osaki Wiz City

东急池上线

山手大街

JR山手线 / 湘南新宿线

N

3-43

3-44

大崎的定位是集办公、居住、商业和文化等多种功能于一体、宜居宜业的城市新区域。随着办公功能的增长，人们对这一区域内住宅的需求和期望值也在攀升，这是大崎站及周边地区发展的一个重要背景。

4. 大崎站升级为交通枢纽

作为区域中心的大崎站位于东京站以南 7.5 公里处（轨道交通距离约 14 分钟），最初仅为货站，后来改造成为日均乘客 5 万人左右的小型车站。进入 21 世纪，大崎站升级为交通枢纽。2001 年，连接东京中心城区与南部郊区的湘南新宿线开始在大崎站停靠，2002 年，连接东京中心城区与奥运会主会场所在的临海地区的临海线开通，并与连接东京中心城区与北部郊区的崎京线实现换乘。伴随附近的品川站于 2003 年在东海道新干线上的新站开通，大崎站成为日均乘客人数超过 20 万人的交通枢纽站——这是新一轮再开发的最重要支撑因素。

在机动车交通方面，除了连接国道 1 号线之外，该地区主要道路与环状 6 号线（山手大街）相接（山手大街将池袋、新宿、涩谷、目黑等主要东京城市节点南北串联在一起），并紧邻 2015 年开通的首都高速中央环状线（五反田出入口），机动车交通也极为便捷。

3.3.2 大崎站周边地区规划方案与城市设计导则

1. 城市更新紧急建设区域的规划和分期实施

20 世纪 80 年代大崎被指定为新的城市副都心，以此为契机，大崎站东口地区启动一系列城市再开发项目。日本泡沫经济使大崎站周边地区土地价格猛涨，为大规模城市再开发提供了强大助力。这一时期，大崎站东口地区内相继建成了"大崎 New City""Gate City 大崎"等商业办公综合体，汇聚大量人气，地区地位和价值得到迅速提升。进入 20 世纪 90 年代，泡沫经济结束对城市开发建设产生巨大负面影响，大量再开发项目陷入困境，土地所有人对再开发的积极性大幅减弱。2002 年，东京都政府根据《城市更新特别措施法》确定大崎站周边地区为城市更新紧急建设区域（约 60 公顷），这对开展新一轮城市再开发起到了激发作用（图 3-45—图 3-48）。

由多方力量组成的本地组织一直在该地区再开发规划和建设过程中发挥重要作用。1987 年大崎地区就设立了以打造魅力城市空间为目标的民间性质的本地组织，并积极参与城市开发建设环节，在此基础上，又先后设立了由土地所有人、开发商和政府部门等组成的多个协议会和委员会。进而，2003 年成立了"大崎站周边地区城市更新紧急建设

图 3-45 大崎站与周边再开发项目的步行连通情况

(a) 车站东南端通往两侧再开发区域的高架步行平台

(b) 车站连接大崎新城的高架步行通道，图右侧是大崎新城地块

(c) 车站连接大崎新城的步行通道内景

(d) 大崎门户城和大崎新城两个开发项目间的高架步行平台

区域城市建设协调会"，由当地主要的再开发项目实施主体、重要企业和政府管理部门等十余家成员单位共同组成²。这个协调会对该地区新一轮再开发发挥主导作用。协调会开展了大量工作，并于 2004 年制定了《大崎周边地区都市再生愿景规划》（以下简称"愿景规划"），这是一份战略层面的地区发展规划，旨在以城市更新紧急建设区域的确定为契机，通过城市再开发进一步提升该地区价值和魅力（图 3-49）。在这份愿景规划中，基于地区既有特点和优势，提出了 5 项长远发展战略：①构筑领导东京制造业的研究开发型产业聚集区；②通过功能复合和完善城市基础设施强化该地区的东京南部枢纽地位；③建设繁荣的个性化城市空间，形成宜居宜业、富有亲和力的共享社区；④积极利用目黑川河流这一重要环境资源，营造地区良好环境；⑤构筑多方合作、可持续发展的地区运营管理机制。

根据《城市更新特别措施法》和城市更新紧急建设区域再开发的相关制度，结合《大崎周边地区都市再生愿景规划》，政府管理部门（品川区都市整备部的再开发项目管理部门）对区域内各再开发项目进行

2. 大崎站周边地区城市更新紧急建设区域城市建设协调会的具体成员包括：东五反田二丁目第 2 地区再开发准备组合、北品川五丁目第 1 地区再开发准备组合、大崎站东口第 3 地区再开发组合、大崎站西口中地区再开发准备组合、大崎站西口南地区再开发准备组合、东洋制罐株式会社、明电舍株式会社、索尼株式会社、千代田印刷株式会社、三井不动产株式会社、东京都市整备局、品川区规划管理部门和都市再生机构。概括而言，这些成员来自三个方面：该地区再开发项目实施主体、该地区的重要企业和政府管理部门。其中，项目实施主体和重要企业之间存在较大程度的重叠和交叉。

图 3-46 大崎站西南侧已进行再
开发的地块情况，图右侧是大
崎索尼城和大崎维兹城，图中
白色步行廊道连通大崎站

图 3-47 大崎站西南侧未更新的
地块情况，图中地块位于再开
发项目思库大厦北侧

技术协调，通过提供技术人员、派遣专业顾问等方式，起到整体协调、
引导和推进各再开发项目的作用，保证区域内所有的再开发项目能一
步步向着愿景规划提出的战略方向发展。2001 年，东五反田二丁目第
1 地区竣工；2007 年，大崎站东口第 3 地区竣工；2010 年，东五反田
二丁目第 2 地区竣工；2015 年，北品川五丁目第 1 地区竣工。

2. 自主制定的城市设计导则

　　为最大限度实现愿景规划，协调会针对后续的再开发项目，于
2005 年制定了《大崎周边地区环境保护城市设计导则》。这个导则进
一步强化了愿景规划提出的"积极利用目黑川资源"发展原则，重点

图 3-48 大崎站周边地区内典型的未更新地块和已开发地块，图中是从大崎站东口第 3 地区看目黑川对岸的景象

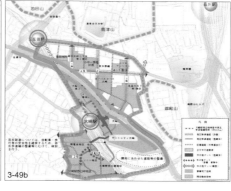

图 3-49 大崎站周边地区再生愿景和城市设计导则示意图

解决大规模开发项目中经常面临的城市热岛效应问题，改善地区整体环境。导则提出了保持目黑川自然风道的畅通、打造沿岸连续绿带、增加亲水空间和开放绿地、使用保水性的铺地等若干具体设计要求，为解决热岛效应提供技术支持的同时，也确保地区整体环境的系统性和统一性（图 3-50）。这个导则需要所有再开发项目共同遵守，为保证导则能真正实现，需要包括区政府管理部门在内的多方面配合，既要做反复沟通和说明，也要结合规划奖励办法，如再开发项目建设符合导则要求的开放空间就能得到相应的容积率奖励，且开放空间和绿地的建设费用可获得国家补贴等。在这种情况下，各个再开发项目都遵守了城市设计导则。以 2010 年竣工的东五反田二丁目第 2 地区为例，这个名为东京南花园的再开发项目通过总体布局和建筑形态调整，在项目地块内部留出了底层空间和特意设计的风道，并在地块四周布置连续的开放绿化和裙房屋顶绿化，通过与目黑川相连，将来自目黑川的风引入项目所在区域，有效降低了热岛效应。

图 3-50 目黑川沿线的街道环境
和公共空间
(a) 沿河人行道空间
(b) 建筑面向目黑川的底层场地
处理，图中为大崎新城地块
(c) 新一轮再开发项目的室外空
间与沿河人行空间融为一体，图
中左侧为大崎站东口第 3 地区

3.3.3 近期代表性再开发项目——大崎花园城

1. 项目概要

    2015 年完成的北品川五丁目第 1 地区再开发项目——大崎花园城用地面积 3.6 公顷，总建筑面积约 25 万平方米，容积率超过 7，是融合了办公、住宅、商业、社区公共设施和公益性服务设施的混合功能大型项目（图 3-51—图 3-54）。自 1997 年再开发准备组合成立，至 2015 年 9 月全体竣工，历时近 20 年。在此期间，项目建设不仅要尊重项目权利人的意愿，还要考虑对周边环境能产生积极影响，构筑步行网络，改善整个地区的日照、通风等自然环境。这个项目对该地区积极影响很大，也是整个地区共同努力、协同开发的成果。

2. 公共利益与商业利益的平衡

    该项目所在区域周边有新建成地块和未到使用年限的公营住宅地块，两类地块都不能改动，这意味着该项目地块与这两类地块相邻的不规则边界无法进行调整。而且南北和东西方向上各有一条道路从再开发区域中央穿过，这两条十字交叉的道路是大崎站周边地区的交通干道，在上位规划中已经明确要拓宽，也不能改动。对于这个再开发项目的规划布局，如果重新规整区域内及周边路网，对道路线形和各子项目地块边界进行调整，根据市街地再开发事业的相关制度，则能申请获得相应的容积率奖励，但前提是必须遵守整个地区的上位规划和城市设计导则。项目作为第一种市街地再开发事业项目，规划设计需努力追求城市公共利益和开发项目商业利益的平衡，经过多方协调，最终的规划方案基本保持了原有区域边界和路网结构，并遵循整个地区的城市设计导则，实现与周边城市景观的协调，通过改善区域的步行环境，为地区整体环境优化做出积极贡献（图 3-55—图 3-57）。

    项目在建筑设计和景观设计上都呼应了城市设计导则。总体建筑形态设计上采用了超高层、高层、裙房的多层次形态组合，并通过给每栋建筑单体赋予设计主题来强化建筑的个性，如分别为超高层建筑赋予"融入天空的上升感""与水平线条协调""人体尺度"等设计主题，同时，通过与相邻地块的一体化实施来保证区域整体城市景观的协调。另外，建筑的色彩设计以导则中提出的"大地色"为基调，营造宜居宜业、充满温情的特色城市空间。由于周边还有其他再开发项目也在同步进行，在遵守共同的上位规划和导则的基础上，不同开发项目之间也需要开展一定的协调，共同构筑大崎站周边地区的城市景观和形象，推动整个地区形成品牌特征。

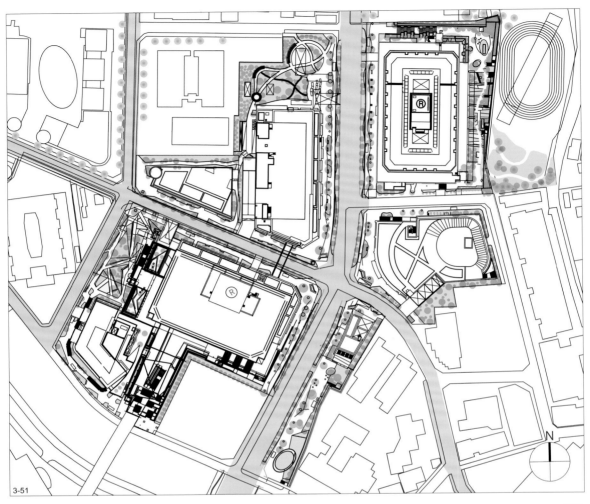

3-51

3-52

图 3-51 大崎花园城总平面图
图 3-52 大崎花园城建成后鸟瞰
图 3-53 大崎花园城建成后街道
环境

图 3-54 大崎花园城东北角超高
层建筑

图 3-55 大崎花园城基地内两条
十字交叉道路街景

3-56

3-57

3.3.4　今后发展问题：从建设到运营

图 3-56　大崎花园城底层室外空间和街道人行空间
图 3-57　大崎花园城东南角新建面向目黑川的带状公园

通过新一轮的再开发，大崎站周边地区成功转型，从过去支撑近代产业的工业用地变身为复合功能的现代化高品质城市区域，通过打造开放空间和优化整体环境等举措使地区的标志性和品牌形象大幅提升。大崎花园城的完成标志着这一地区在物质层面的大规模再开发建设告一段落，地区发展从建设阶段进入运营阶段。如何从开发建设发展到构建以人为本、可持续发展的城市运行机制是接下来需要思考的重要问题。在转变之际，本地组织已经提出了《大崎站周边地区运营计划》，意图通过合理有效的运营管理培育地区魅力，如利用地区内新的公共空间和公共设施举办特色文化活动聚集人气等，这些由本地组织开展的工作将促进该地区综合功能与宜居宜业特征走向成熟。

案例扩展文献

[1] 品川区都市環境部都市開発課. 品川区の今後のまちづくりと再開発：大崎駅周辺地域における開発実績と今後の取組み [J]. 市街地再開発，2016(5)：4-13.

[2] 清水宣治. 大崎駅周辺地区の再開発について [J]. 再開発研究，2005(21)：15-18.

[3] 岩野政彦. 大崎駅周辺地区の街づくり [J]. 再開発研究，2008(24)：19-23.

[4] 品川区まちづくり事業部都市開発課. 東京都品川区・大崎駅周辺地区 [J]. 市街地再開発，2008，12(464)：14-18.

[5] 光井純，緒方裕久，古賀大，等. パークシティ大崎：北品川五丁目第1地区第一種市街地再開発事業 [J]. 新建築，2015，10(90)：186-195.

第 4 章

引领地区更新的新模式超高层建筑

4.1 丰岛区政府办公楼与住宅综合体

丰岛区政府办公楼与住宅综合体项目是由丰岛区[1]政府和100多户土地权利人联合成立的市街地再开发项目组合实施的大型再开发项目，在没有动用公共财政资金的前提下实现了区政府新办公楼建设、老旧建筑街坊彻底更新和增加区域内公共空间及公共绿化的三方面目标。更重要的是，这个非常特别的再开发项目开启了池袋副都心区域整体更新的程序，为后续将开展的一系列再开发项目树立了信心，对吸引民营资本和年轻家庭再度关注这一区域产生了积极作用。

4.1.1 项目背景：东京池袋副都心区域的城市更新

1. 副都心区域的繁华与老化萎缩

池袋是东京轨道环线山手线沿线的副都心之一，位于环线西北位置，池袋站是多条轨道交通的枢纽，日均客流量达250万人次，仅次于新宿站。池袋站两侧及地下设有大规模百货店和其他各类商业设施，与车站形成综合体，车站两侧的主要街道上也有大量商业和办公建筑，形成一个依托池袋站（东侧为主）、面积约1平方公里的副都心区域。这里不仅是东京著名的商业区，有大学、剧场和公园，也是丰岛区政府所在地，还有较高比例的住宅，兼具高强度开发、功能复合与高效率的特点。

池袋副都心区域是在1923年关东大地震之后开始城市化建设的，之前是农田，伴随着轨道环线山手线形成之后的快速城市化，池袋站周边出现大量商业设施，外围区域是密集的木结构住宅。在过去90余年的发展过程中，池袋站和周边商业建筑及办公建筑规模发生了很大改变，1980年阳光城[2]项目落成，标志着这一区域达到高度城市化（图4-1—图4-4）。但是，依托池袋站建设的高度密集和繁华区域的半径范围大约是500米，超过这个范围的区域内仍保留了大量低矮的老旧木结构建筑，一些街坊的状况与几十年前没有实质性变化。进入21世纪初，长期经济低迷、老龄化及生育率降低引发的问题在这一带老旧街坊内体现得更加明显。位于老旧街坊内的原丰岛区政府大楼建于1961年，是东京23个区中最老旧的区政府办公楼，建筑老化、面积不足，消防隐患十分明显，但新建区政府办公楼面临财政困难。项

---

1. 丰岛区是东京都的23个区之一，面积13平方公里，池袋副都心是这个区最重要的部分，也是区政府所在地。
2. 阳光城（Sunshine City）项目占地约6万平方米，是办公、酒店和商业等综合功能开发项目，总建筑面积约60万平方米，主楼60层，是当时日本最高建筑。

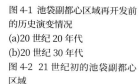

图 4-1 池袋副都心区域再开发前的历史演变情况
(a)20 世纪 20 年代
(b)20 世纪 30 年代
图 4-2 21 世纪初的池袋副都心区域
图 4-3 池袋站综合体东侧的站前区域，摄于 2017 年
(a) 车站综合体东端和相邻街道
(b) 站前交通广场及建筑，图中为由北向南所见街景，右侧是车站综合体
(c) 自车站向东的绿道大街
(d) 自车站向北的明治大街
图 4-4 从池袋站连接到本项目的绿道大街，摄于 2017 年

图 4-5 池袋 2025 规划发展计
划示意图，图中标识了该计划
制定的重点再开发项目

目所在基地距池袋站仅 600 米，基地上的小学因入学儿童数量不足遭到废弃。如何在该区域注入城市发展新动力是迫切需要解决的问题。

2. 城市更新对策：以一系列再开发项目刺激整个区域再度振兴

池袋面临的城市老化和萎缩问题也是东京类似地区和日本其他城市面临的普遍问题。21 世纪初，日本在国家层面推行城市更新政策，意图通过城市再开发刺激经济复苏、提升城市竞争力和人民生活质量。通过频繁修订《城市规划法》和《城市再开发法》，并新推出《城市更新特别措施法》为开展城市更新提供法规保障，大大放宽了可进行城市更新区域、更新实施主体和容积率等限制条件，尤其支持重要区域（高度利用地区）的更新升级。在这种发展状况和国家政策影响之下，丰岛区政府提出了面向 2025 年的池袋副都心规划发展构想和一系列计划（以下简称"池袋 2025 规划发展计划"）——用 20 年时间，充分利用日本的国家政策，通过政府主导和引进市场力量参与，以及一系列具有公共意义和重要拉动作用的再开发项目重塑池袋副都心区域，并实现站前繁华区和周边普通住宅的同步提升，从而再度振兴整个丰岛区，惠及更多居民（图 4-5）。这个 2025 规划发展计划制定的一系列再开发项目中突出了四个方面：一是城市基础设施硬件和环境品质大幅提升的举措——池袋站东西两侧将通过跨越轨道线路的巨型广场

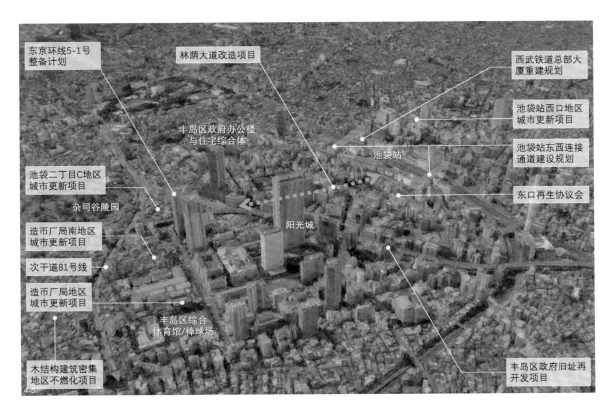

融为一体，车站东侧区域将有新建设的轻轨线路环绕原有繁华商业街，主要街道实施林荫道和绿化改造等；二是大量兴建能塑造地区文化氛围的公共建筑和设施，创建丰岛区的文化艺术特色；三是新增位置便利、适合年轻家庭生活方式和审美特点的新住宅；四是增建办公楼，弥补丰岛区企业不多的弱项，也为居民就近工作创造条件。很显然，政府的意图是希望通过大幅度提升城市硬件条件、环境品质和文化氛围，实现整个池袋副都心区域的升级。利用池袋站既有的区位条件和大人流特点，再度吸引年轻人尤其是年轻家庭入住这一区域，通过塑造年轻人喜好的新的城市文化氛围和生活方式留住这些人口，从而实现该区域稳定的良性发展。池袋2025规划发展计划很有吸引力，但大量公共性项目需要大量资金投入，如何在政府财力不足的情况下持续推出并实现这些项目，是区政府必须面对的挑战。在这种情况下，区政府新办公楼项目如何在资金平衡、百姓获益、公共性提升等方面做好表率，显得十分重要。

丰岛区政府、以日本设计为代表的规划建筑设计机构与土地权利人等各方力量共同合作，自2004年起，采取创新模式，以区政府新办公楼建设和原区政府大楼旧址再开发为契机开启了池袋副都心区域整体更新程序。丰岛区政府办公楼与住宅综合体项目实际上是整个区域更新的启动性项目（图4-6）。

4.1.2 《城市再开发法》框架下的项目推进过程和关键问题

1. 项目理念：利用再开发政策，将两类不同性质的城市更新需求相结合

  2001 年，由于丰岛区内学校合并使基地上的原日出小学成为空地，产权归区政府，而紧邻学校的老旧木结构住宅建筑密集，街坊存在防灾隐患和环境质量低劣的问题，尽管土地位于车站周边黄金地段，但是一直没有得到有效利用，没有体现其应有的价值，这些特征符合《城市再开发法》要推进更新的用地特征（图 4-7—图 4-11）。同时，新建区政府办公楼找不到合适的建设用地（原址面积过小），于是产生了通过《城市再开发法》规定的程序和可以增加容积率等支持政策对小学原址和相邻土地再开发，同时实现建设区政府新办公楼、老旧建筑街坊更新和完善区域公共绿化网络三个目标的设想。以这个设想为起点，2003 年起，日本设计作为规划和建筑专业力量开始与相关各个方面开展讨论——以规划和建筑方案为平台，讨论各个具体问题可能的解决方式，包括如何重新划分土地（包含对城市开放的部分）、新建筑产权如何分配、建设资金和建成后运营管理等问题。基地范围除了属于丰岛区的原小学建设用地外，还有很多个人所有的住宅及土地，《城市再开发法》对这类项目的执行程序有严格规定，项目在确保公平和信息公开的前提下推进，必须获得土地权利人同意才能实行[3]。

  项目从最初讨论到完成经历了 12 年：2003 年 7 月与土地权利人最初沟通意见；2005 年 3 月土地权利人和区政府正式成立再开发组合；2009 年 7 月设计工作正式开始；2011 年 4 月设计获得所有再开发组合同意；2011 年 5 月开始建设并操作土地转让手续；2015 年 3 月竣工。在日本，作为再开发项目，这个项目周期并不算长。前期居民和区政府之间就各个问题协调并达成一致用了 6 年，在这个过程中，土地权利人关心的问题几乎都与规划和建筑方案有关，因此专业机构在其中发挥了相当重要的作用，确保方案高效合理使用土地并满足各方要求，是项目推进的重要因素。

2. 一体化再开发项目的权益分配问题

  作为第一种市街地再开发事业项目，丰岛区政府办公楼与住宅综合体项目能实现的关键在于允许改变容积率上限，确保各方的利益并

---

3. 按照法律规定，原则上只要有 70% 的土地权利人同意就可以执行，这个一体化再开发项目由于各个方面协调沟通处理得好，实际上得到了所有土地权利人的同意。

图 4-7　再开发前的基地鸟瞰，包含废弃的小学校和周边老旧建筑两个街坊

图 4-8　再开发前基地内的废弃小学

图 4-9　建于 20 世纪 60 年代初的原丰岛区政府大楼

图 4-10　再开发项目基地东侧的大片待更新老旧街坊，摄于 2017 年

图 4-11　再开发项目基地南侧的大片待更新老旧街坊，摄于 2017 年

提供建设资金，也通过项目使城市的公共绿化、公共空间和公共交通网络等方面显著提升。新增建设容量除了公共空间外，用于市场销售以获得建设资金，土地权利人可以用自己的土地和建筑换取同等价值的新建筑面积而无须支付建设成本。在这个项目中，居民用原有房产换取了各自的新住宅或者是新大楼裙房部分的商铺或办公面积，区政府也遵守同样的价值标准，以原小学建设用地获得区政府新办公楼55% 的建筑面积。同时，区政府将原政府大楼旧址通过招标方式长期租赁给民间企业进行包含剧场和音乐厅等功能的开发项目（租期76年），并一次性收取租金用于购买区政府新办公楼剩下45% 的建筑面积（图 4-12）。区政府新办公楼建设并没有带来财政负担，这也是获

得居民同意的重要因素，从这一点看，这个再开发项目是该区域整体更新系列举措的关键一环。

3. 两栋独立的建筑还是一栋复合功能建筑？

项目前期研究过程中，是将区政府办公楼和住宅采用并排形式分开建设，还是采用上下一体化形式建设也是一个重要问题。分开建设的好处是建筑管理划分非常清晰，但每栋楼都比较狭窄，不便于使用，提供给城市的公共空间及公共设施等也很难布置；上下一体化的形式在建筑空间上比较宽敞灵活，下部能提供更好的公共空间及公共设施等，但是居民和区政府在今后使用中需要就物业管理一直保持合作（图4-13）。区政府办公楼与住宅融为一体的方案最初遭到民众反对，政府与民众沟通过程中，召开了100多次说明会，最终上下一体化的建设形式得到各方面的理解和认同，而且大楼建成后，民众都纷纷表示赞许。区政府和规划设计顾问单位坚持的这种融合方法，不仅解决了建筑平面布局合理性的问题，更以区政府办公楼的开放性和与居民日常生活融合的姿态得到多方面的高度肯定（图4-14—图4-19）。

4.1.3 建筑设计——兼顾多个方面的解决方案

1. 竖向功能布局

日本设计作为规划和建筑专业机构，从提出最初的项目设想起就深度参与各方沟通，历经6年协调过程，能够深刻理解池袋副都心城市更新意图和项目各方对新建筑的要求，因此拿出了将几个功能整合在一栋建筑中的反常方案——地上四十九层的综合体建筑中，一至九层（裙房）是区政府办公楼，其中一层和二层除了公共空间外均为私人拥有的店铺和办公空间，三至九层为政府办公，十层为抗震和设备层，

图 4-12 新建筑空间权属分配关系示意图
图 4-13 分为两栋建筑（上 2 图）和一体化建筑（下 2 图）的方案比较

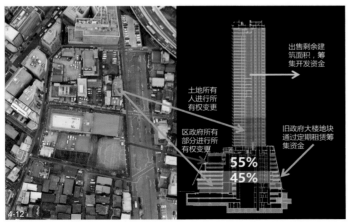

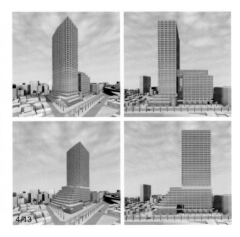

十一至四十九层为住宅（共 432 户，其中原居民 110 户）。服务于副都心区域的公共绿化、公共空间和地面及地下的公共交通整合在建筑裙房和地下，满足了政府办公建筑向市民开放的意愿，土地权利人的住宅位于裙房之上，在景观、便捷和安全方面非常有利。建筑整体布局十分合理，各方均能接受（图 4-20—图 4-23）。

4-14

图 4-14 丰岛区政府办公楼与住宅综合体建筑南向外观

4-15

4-16

4-17

4-18

4-19

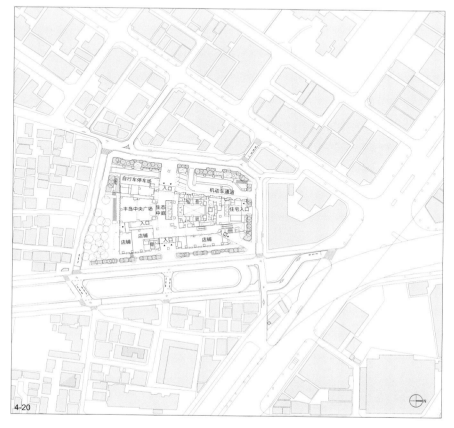

自行车停车场

机动车通道

丰岛中央广场

生态中庭

住宅入口

入口

店铺

入口

店铺

4-20

N

图 4-15 丰岛区政府办公楼与住宅综合体建筑东南向外观

图 4-16 丰岛区政府办公楼与住宅综合体项目及主要大街林荫道改造项目完成后的城市景观

图 4-17 榉树广场和建筑临街面

图 4-18 建筑裙房立面

图 4-19 新建筑与其西侧的小街巷和既有建筑

图 4-20 再开发项目一层平面图

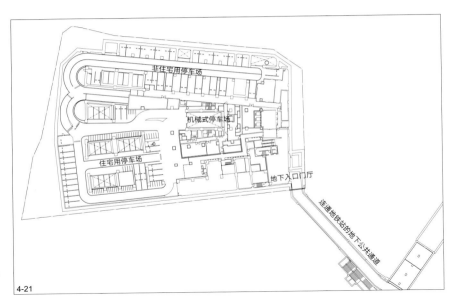

图 4-21 再开发项目地下二层平
面图

4-21

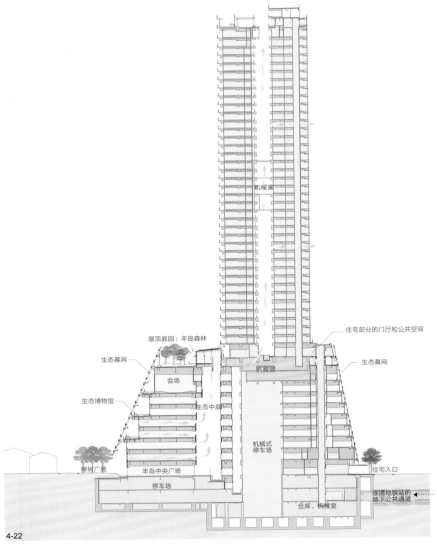

图 4-22 再开发项目剖面图

4-22

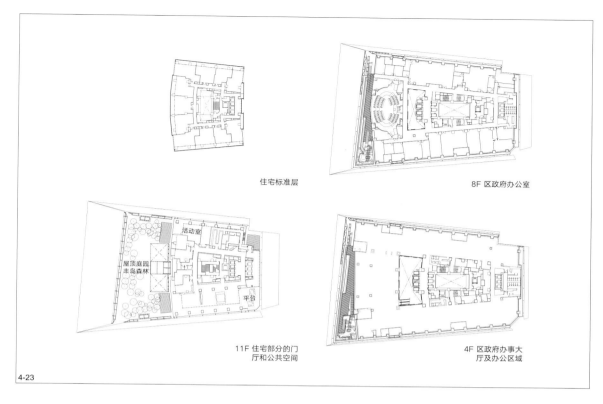

住宅标准层

8F 区政府办公室

活动室

屋顶庭园
丰岛森林

平台

11F 住宅部分的门
厅和公共空间

4F 区政府办事大
厅及办公区域

4-23

2. 裙房部分：城市客厅和立体庭园

图 4-23 再开发项目其他主要楼层平面图

建筑裙房部分的设计理念是向城市和居民开放的"城市客厅"，希望丰岛区政府新办公楼像欧洲城市的市政厅一样开放，吸引市民参与其中的各种活动。建筑一层从四面街道均可进入，内街都通向位于裙房中央的生态中庭，面向这个中庭布置了名为"丰岛中央广场"的多功能室内广场，这个室内广场与室外的榉树广场可以完全连为一体。整个底层由中庭、室内广场和室外广场形成的系列空间组成，成为当地居民举办各种活动的最佳场所，传统的社区活动场景出现在新建筑之中（图 4-24，图 4-25）。

除了城市客厅，在裙房一系列退台式屋顶上设置了立体庭园，被命名为"生态博物馆"，也被称为"绿丘"，这个立体庭园的设计理念是再现当地曾经的自然山水风光，栽植均选用当地城市化建设之前的植物种类，既是一个开放的市民公园，也是小学生绿色环保教育的学习场所（图 4-26—图 4-29）。这个立体庭园被一层由太阳能发电板、遮阳板、防风板和绿植板构成的"生态幕网"保护着。负责建筑外观设计的建筑师隈研吾将这座建筑比喻为大树，这个生态幕网起到的是树叶的作用，希望能够给人一种爬上一棵大树、坐在树枝上的感觉。立体庭园深受当地居民喜爱，虽然面积不算大，但起到了完善当地公共绿化网络的作用，而且生态幕网让建筑裙房外观更加富有特色。建筑底层的一组室内外结合的公共空间、由立体庭园和建筑正面的榉树广场组成的公共绿化、建筑四面留出的沿街步行道和地下二层连通地铁站的地下公共通道，都为该区域公共网络的完善发挥了重要作用，也使得这栋综合体建筑有机融入副都心城市网络（图 4-30）。

3. "独立"的住宅部分

尽管建筑裙房部分具有极强的公共性，但位于裙房之上的住宅完全体现出城市黄金地段高档公寓的品质，沿街道有独立的入口，且回迁居民住宅和商品住宅共享同一套设施。作为电梯换乘楼层的 11 层完全是住宅部分的公共空间，包括具有极好景观的公共休息区、多功能厅、儿童游戏室和健身房等住户使用的设施（图 4-31，图 4-32）。这个项目的住宅获得市场高度认同，面向市场的住宅尽管价格高于当地平均值，但很快销售一空，这也实现了为该地区吸引年轻家庭的意图。

4. 建筑设计中的生态问题

建筑设计还重点考虑了在高密度城市区域内的生态问题，重点体现在生态幕网、生态博物馆和生态中庭三处设计上，既增加绿化，又降低环境负荷。生态幕网除了附着部分绿化，还起到遮阳作用，生态中庭具有绿化和自然通风作用。

4-26

4-27a

4-27b

4-28

4-29

4-30a

4-30b

4.1.4 总结——项目成效

　　丰岛区政府办公楼与住宅综合体项目在操作模式和功能复合等方面很特别，区政府在其中发挥了推进、引导和参与的重要角色，用新模式解决了难题，成就了有创造性的新建筑，吸引了新住户，得到多方面的积极评价（表4-1）。从地区振兴计划（池袋2025规划发展计划）的角度看，这个再开发项目对丰岛区再度振兴有以下四方面积极影响。

　　（1）这个项目南侧和东侧仍有大范围的老旧木结构建筑街坊，属于木结构建筑密集地区改良事业等国库补贴计划的资助对象。虽然居民都有更新意愿，但促成城市再开发项目的机会和动因不足。这个项目的落成将池袋副都心的活力（尤其是池袋站周边地区）延伸到这片老旧街坊，街道上出现了新氛围，为这一大片老旧街坊的再开发带来了信心。

　　（2）新建筑底部几层除了公共空间外，两类功能特别突出：一是区政府接待民众办理各种手续的开放式办公空间；二是幼儿园和托儿所、诊所、便利店等日常民生方面的功能。再加上对市民开放的立体庭园（已经作为城市公园由公园管理部门进行日常维护），这座区政府新办公楼呈现出亲民化特征，大大充实了该区域的公共服务功能。

　　（3）在一块用地上实现几个建筑功能和容量的叠加，为城市提供公共空间及公共设施等，且没有动用市民的税金——这个案例展示了

图 4-31 住宅部分的流线和专有空间与公共部分相对独立
(a) 住宅塔楼在一层临街的独立入口
(b) 位于 11 层的居民专用庭院
图 4-32 停车空间
(a) 自行车库的临街电梯厅
(b) 地面层的车行道和地下车库入口部位

高度城市化的城市进一步提升城市能级和竞争力的一种新模式。

（4）项目历时 12 年，看似进度很慢，但在已经相当发达的副都心区域，对于跨度 20 余年的区域整体更新计划而言，这个项目的建设过程应该说是有条不紊，以正常进度达到预期目标。随着这个项目的推进，在原区政府大楼旧址建设剧场和音乐厅、将连接池袋站与区政府新办公楼的街道改造为林荫大道、建设新的公园和室外剧场等更新项目都已陆续进入程序，池袋 2025 规划发展计划正在逐步实现。

表 4-1 丰岛区政府办公楼与住宅综合体项目概要

项目业主	南池袋二丁目 A 地区市街地再开发组合
主要用途	区政府、集合住宅、商铺、停车场等
项目基地面积	8325 平方米
建筑占地面积	5320 平方米
总建筑面积	94 682 平方米（含不计容积率的部分和容积率奖励的部分）
建筑密度	64%（允许 80%）
容积率	7.9（允许 8.0）
层数	地上 49 层 / 地下 3 层（最高点 189 米）
停车位	285 个（住宅专用停车位 180 个 / 非住宅用停车位 105 个）
住宅户数	432 户（其中对外出售 322 户）
竣工时间	2015 年 3 月

资料来源：日本设计

案例扩展文献

[1] 豊島区都市整備部拠点まちづくり担当課. 豊島区の再開発による庁舎更新と周辺まちづくり：再開発事業による庁舎更新・周辺まちづくりとの連携（その 1)[J]. 市街地再開発，2013，6(518)：2-5.

[2] 隈研吾，黒木正郎，平賀達也，等. としまエコミューゼタウン：南池袋二丁目 A 地区市街地再開発事業 [J]. 新建築，2015(5)：42-57.

[3] 日本設計. STORY-04-1 官民の合意形成により実現した環境建築 [J]. 新建築別冊，2017(11)：94-101.

[4] 宮沢洋. としまエコミューゼタウン（東京都豊島区）：庁舎の真上に分譲住宅借金ゼロで地域再生促す [J]．日経アーキテクチュア，2015，6(1046)：68-75.

[5] 沙永杰，黒木正郎. 从上海当前城市更新背景解读东京丰岛区政府办公楼与集合住宅一体化开发项目 [J]．上海城市规划，2017(5)：63-69.

4.2 虎之门新城

　　新桥—虎之门地区地处东京中心城区，毗邻霞关官厅街，步行可至银座和东京站，是仅次于大丸有地区的顶级商务办公区（图 4-33）。穿越新桥—虎之门地区的环状 2 号线是构成东京都路网结构的一条主干道，其部分路段沿着皇居的护城河，因此也被称为护城河大道。环状 2 号线最初规划于 1946 年，但因为东京都政府财政限制，部分路段一直未能开通；而环状 2 号线沿线关联地块也期待通过这条路的建设契机实现再开发。2014 年，依据市街地再开发事业制度，通过将超高层大厦虎之门新城（又被称为"虎之门 Hills"）再开发项目与主干道隧道竖向叠加的办法（隧道从超高层建筑下方穿过），环状 2 号线实现全面贯通，同时复合功能的超高层大厦虎之门新城成为新桥—虎之门地区的标志性建筑（图 4-34）。

4.2.1　项目背景：顶级商务办公区域内迟迟不能开通的城市主干道

　　1946 年东京都环状 2 号线规划确定，将新桥至虎之门段的道路宽度定为 100 米，但因实际操作难度过大，1950 年规划变更，将道路宽度改为 40 米。尽管压缩路幅，东京都政府若按通常方式购地进行道路建设，投资费用将会是一笔天文数字，如何削减项目投资成为政府需首要解决的问题。经过磋商，政府在 1989 年修改了相关法规，设立了"立体道路制度"，这个制度可以说是为环状 2 号线的建设量身定制的。立体道路制度明确了道路（机动车道及其隧道部分）可与建筑基地重叠，改变了以往道路用地上方和下方只能用作道路建设的原则。具体来说，就是在保证建筑安全的基础上，可在建筑基地地下部分建设道路，或在建筑物地上部分开洞让高架道路从中穿过。之前这种市政道路与建筑用地重叠的做法在大阪的门塔大厦项目有过先例，城市高速公路从建筑的中部穿过。

　　1991 年起，环状 2 号线建设及沿线关联地块再开发被正式申请，并明确这个综合内容的城市更新工作是依据立体道路制度开展的第二种市街地再开发事业项目。环状 2 号线新桥至虎之门段的建设及沿线关联地块的再开发工作共涉及 4 个地块：除了道路用地外，另有沿线3 个再开发地块，分别是新桥地块、青年馆地块和虎之门地块。针对道路用地，政府依据立体道路制度，提出了将道路与建筑重叠的规划方案，具体做法是：在宽 40 米的道路用地中央划定宽 22 米的带状建筑基地，在基地下方建设交通主干道，两侧各余 9 米用作地面辅道。考虑到建

图 4-33 赤坂及新桥—虎之门地区，此图范围约 1.8 公里 ×1.5 公里。图上红色标识为环状 2 号线新桥至虎之门段及沿线关联的再开发地块

图 4-34 新桥—虎之门地区的城市景观，摄于 2015 年。虎之门新城具有明显的地区标志性

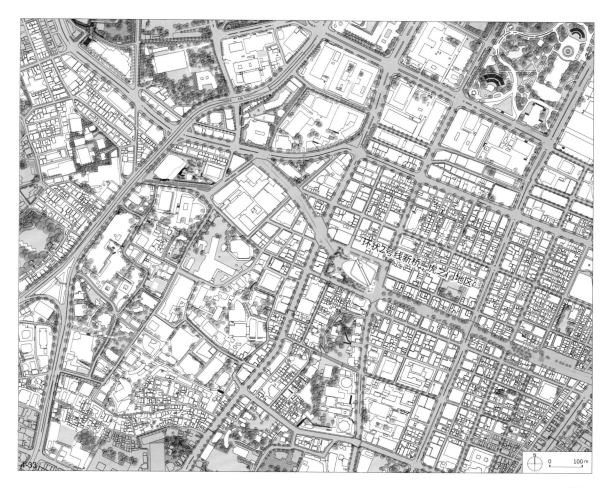

环状2号线新桥—虎之门地区

0   100 m

4-33

4-34

133

筑向地下道路传递荷载的结构问题以及基地自身狭窄等情况，建筑高度必须控制在 8 层以下，进深不能超过 18 米。在这样的限制条件下，只能建造顺应道路线型的板式办公大楼或住宅。这个规划方案已体现出市政道路与土地再开发兼容的可行性，但具体的规划布局和建筑方案并不让人满意，对这个城市重要区域振兴的积极意义有限。

4.2.2 寻求市政道路建设与土地再开发兼容的最佳方案

1. 规划思路的突破：立体道路制度＋容积率转移

　　由于对具体规划布局方案并不满意，东京都政府于 1992 年聘请日本设计担任规划设计顾问单位。日本设计的首席规划师岗田荣二提出建议，对规划方案做进一步研究探索，目标是在兼顾市政道路建设和关联土地再开发的基础上，寻求最大限度激发地区潜在价值的可行方案。在国土交通省召开的规划方案研讨会中，日本设计在利用立体道路制度基础上提出了容积率转移的思路，将道路用地范围内的容积率转移到沿线关联地块内，这个思路为规划方案带来突破性进展。

　　对于日本设计提出的这一动作较大的规划方案，在主管部门东京都建设局内部出现了质疑和反对的声音。这是因为以往东京都政府主导的第二种市街地再开发事业项目均以改善市政基础设施为主，对房屋建设多从公共安全角度考虑，注重完善地区防灾体系，对于像日本设计提出的这种复杂的、难度很大且涉及超高层建筑的项目缺乏经验和相应的管理操作能力。在这种情况下，主管部门清醒地指出，这一项目虽然是以建设重要市政道路为主要目的，但再开发的建筑基地定位十分重要，对地区振兴意义重大，不能只满足市政建设的标准。如果再开发的建筑达不到应有的水准，也就失去了这个综合项目的意义。后经过多次会议反复讨论，提出并确立以政府和民营资本合作的项目模式来操作这一项目的计划，从而大大提升了项目的可行性。

2. 实施机制的突破：引进项目合伙人，克服政府部门弱项

　　项目除道路建设外还涉及超高层建筑的建造，这意味着项目业主需对项目的规划、设计和施工进行指导监督，并能与今后长期运营关联，但主导项目的东京都政府并不具备这一能力，也缺乏相关经验，于是各方面讨论提出借鉴代官山同润会公寓再开发项目（后文将作详细的介绍）的成功经验，成立再开发组合来主导再开发项目，选定一个项目合伙人介入。第二种市街地再开发事业制度中存在一个特定建设者角色——通过公开招投标选定一个民营资本开发商作为项目施工单位，负责再开发建筑的设计监理和施工发包，并可获得项目保留楼板的产权。具有丰富经验，技术实力雄厚，并曾主导开发六本木 Hills 项目的森大厦自 2002 年起参与这一项目的前期工作，2009 年被正式选定为特定建设者，政府与民营资本合作的实施机制正式确立。

3. 规划方案的确立过程

虽然规划思路和实施机制已经明确，具体规划方案的确立过程仍十分曲折。一方面，需和大量土地权利人达成一致意见，对这些土地权利人来说，持有的土地由于处在规划道路范围内，长期无法进行正常开发建设，非常希望通过这次项目在实现道路建设的同时完成自身土地资产的增值。东京都政府与规划设计顾问、项目合伙人一边进行规划方案的研究深化，一边面向土地权利人召开多次说明会，就合理解决权利更换和项目权益平衡问题进行了大量沟通。另一方面，由于项目的难度和沟通过程的复杂性，东京都主管部门内部又出现了意见的摇摆，想要恢复到最初方案，即在道路用地内建造八层板式建筑的方案，规划方案也随之反复修改。项目合伙人森大厦则坚持认为要利用容积率转移途径，至少集中建设一栋超高层建筑。在合伙人单位的坚持下，最终确立了在虎之门地块建造一栋超高层建筑，并将一半道路放在建筑基地下的规划方案（图 4-35—图 4-38），这既能体现立体道路制度的特点，也强化了建筑项目的标志性作用，让行驶在环状 2 号线（建成后称"新虎大道"）上的人能体验到新超高层迎面而来的震撼效果，这对地区振兴十分有利。

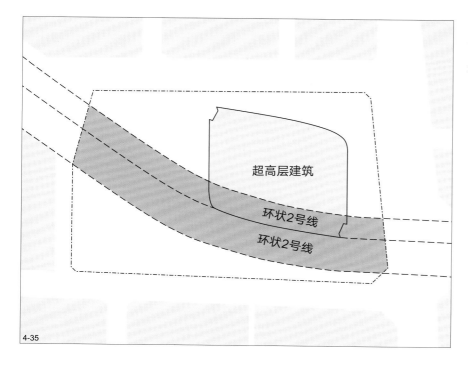

图 4-35 再开发项目的规划方案示意图，环状 2 号线以隧道方式从基地下方穿过，其中一半道路位于超高层建筑下

超高层建筑

环状2号线

环状2号线

4-35

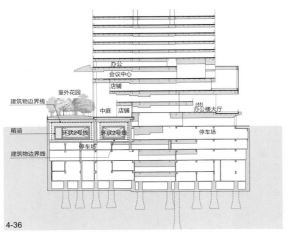
4-36

4-37

4-38

4.2.3 建筑设计

这一超高层建筑被命名为虎之门新城（表4-2），地上52层，地下5层，总高度247米，坐落于新虎大道中段（图4-39—图4-42）。其建筑设计特点主要体现在以下四个方面：

（1）复合功能：除被道路占用的空间外，其余地下部分为停车场和设备间。地上裙房部分主要用于设置配套商业设施、办公楼大堂和酒店大堂，其中4至5层设有国际会议厅，建筑6至35层是办公楼，37至46层是虎之门新城公寓住宅，最上面6层则是安达仕酒店（图

图 4-36 环状 2 号线与超高层建筑底部关系的剖面示意图
图 4-37 再开发项目的设计方案示意模型，图中种有行道树的道路是环状 2 号线地面层，其下是环状 2 号线隧道部分
图 4-38 环状 2 号线与虎之门新城剖面示意图
图 4-39 虎之门新城东向建筑外观，下部是建筑主要人行入口

4-43—图 4-45）。

（2）对首层空间的重点处理：由于环状 2 号线占用了建筑地下一层和首层的部分空间，给首层的空间利用造成了困难，设计顺应坡道地形打造裙房形态，设置合理动线营造通达性极佳的裙房空间，使人感觉不到建筑首层的大部分被道路占据，完美解决了与城市道路的关系问题。

（3）公共空间的特点：位于地上二层的室外空间绿树环绕，充满自然气息，其地形变化与逐渐升高的室内大厅地面一一对应，并通过消减室内外的界面感和在室内栽植自然植物，使室内外公共空间融为一体（图 4-46—图 4-49）。

4-41

4-42

图 4-40 虎之门新城西向建筑外观,下部是环状 2 号线隧道入口

图 4-41 虎之门新城的室外场地鸟瞰

图 4-42 虎之门新城与环状 2 号线隧道交接部位及室外场地处理的设计效果图

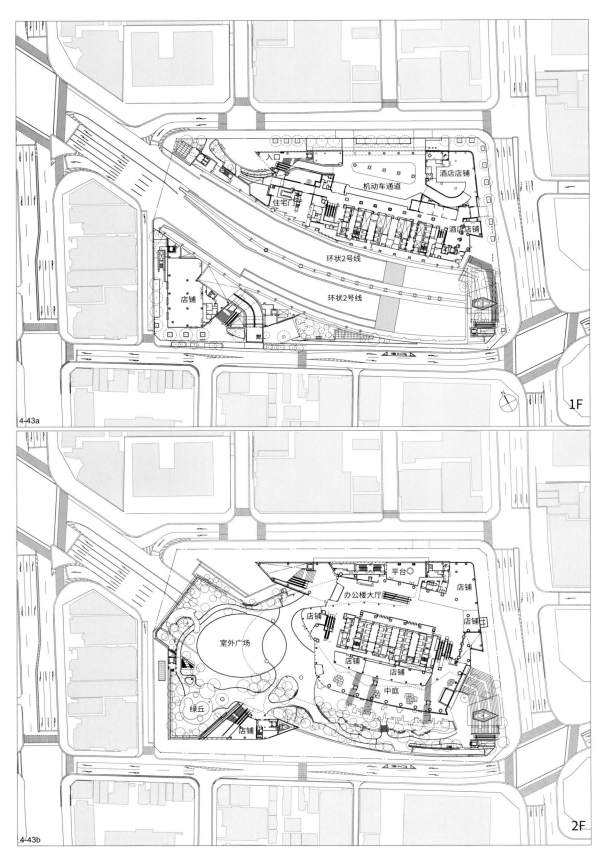

入口
酒店店铺
机动车道
住宅
酒店店铺
环状2号线
店铺
环状2号线

N

1F

4-43a

平台
办公楼大厅
店铺
店铺
店铺
店铺
店铺
店铺
中庭
室外广场
绿丘
入口
店铺

2F

4-43b

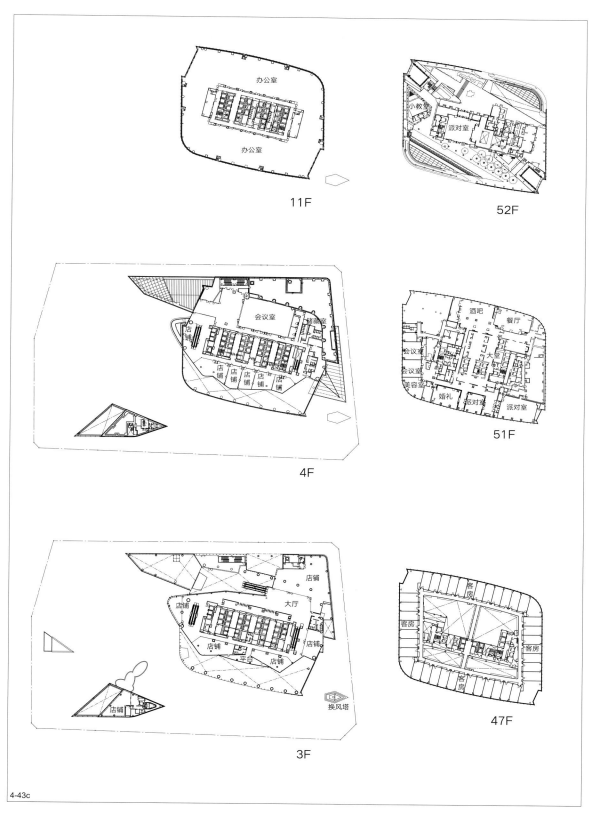

11F

52F

4F

51F

3F

47F

换风塔

图 4-43 虎之门新城主要楼层平面图

4-43c

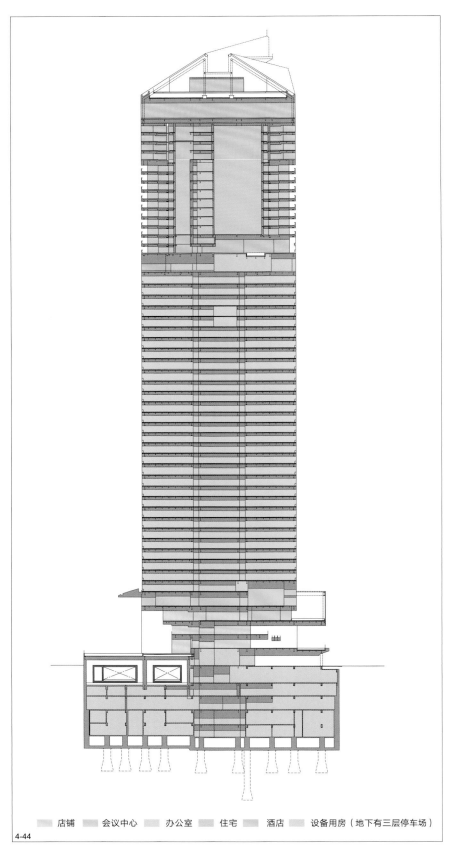

图 4-44 虎之门新城剖面示意图　4-44

店铺　会议中心　办公室　住宅　酒店　设备用房（地下有三层停车场）

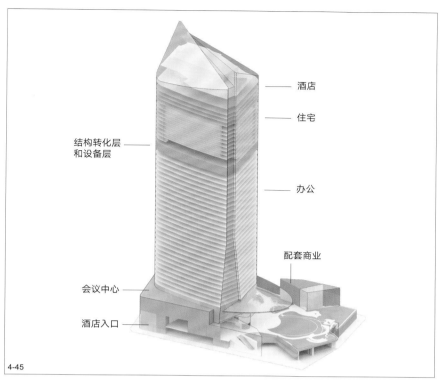

4-45

图 4-45 虎之门新城的复合功能示意模型

图 4-46 虎之门新城南侧的室外花园，其地下是环状 2 号线隧道部分，右侧玻璃幕墙内是建筑入口大堂

图 4-47 虎之门新城的入口大堂，室内外公共空间融为一体

图 4-48 虎之门新城的办公楼大厅

图 4-49 虎之门新城的办公空间

酒店

住宅

结构转化层和设备层

办公

配套商业

会议中心

酒店入口

4-46

4-47

4-48

4-49

（4）超高品质的住宅：虎之门新城公寓位于超高层建筑的高区，从建筑整体外观看，公寓的外立面形式是公建化的，外形与其他部分不一样，这是为了保证每户住宅都能拥有绝佳的景观视野。公寓共有住宅172套，其中部分用于原住户回迁，剩余的用于出租和少量出售。优越的位置和景观条件，加之可由安达仕酒店为公寓提供酒店式服务，使虎之门新城公寓成为东京顶级公寓住宅之一。

表 4-2 虎之门新城（虎之门 Hills）项目概要

项目业主	东京都都市整备局、东京都建设局（特定建设单位：森大厦株式会社）
项目基地面积	17 069 平方米
建筑占地面积	9391 平方米
总建筑面积	244 360 平方米（含不计容积率的部分和容积率奖励的部分）
建筑密度	55%
容积率	11.5
停车位	544 个
住宅户数	172 户
竣工时间	2014 年

资料来源：日本设计

4.2.4　项目对地区的积极影响和后续发展构想

项目建成后对该地区的积极影响十分突出。第一，地区的标志性大大增强。超高层大厦虎之门新城和新虎大道的建成，提升了这一地区的整体形象，提振了后续再开发项目建设的信心。第二，促进配套基础设施的继续优化。虎之门新城目前距离地铁银座线虎之门站有一定距离，地下也没有连通，而森大厦在这一地区还有其他后续的重要再开发项目，地铁公司将在虎之门新城周边设立新的地铁站，新地铁站预计于 2023 年完成，将连接该区域内的各个再开发项目。第三，新的公共空间形式引领了新的生活方式，进一步增强了地区吸引力。室内外一体的公共空间注重城市中自然感受的营造，并与配套商业设施有效结合，再通过放置标志性艺术雕塑、组织户外瑜伽等公众参与活动的一系列手段，满足新一代年轻人对追求潮流生活方式的需求，营造了全新的城市氛围。

虎之门新城的建成是新桥—虎之门地区开启新一阶段城市更新的起点，森大厦对该地区的后续发展提出若干远景构想，其中之一是将

新虎大道打造成像法国巴黎香榭丽舍大街一样的标志性街道，并提出针对新虎大道及周边区域的城市设计导则。导则建议通过将主干道交通转入地下，缓解地面交通，同时将人行道拓宽，允许沿街商铺在人行道上摆放室外桌椅进行经营，引进街头咖啡馆等休闲业态，营造适宜步行游憩的街道空间。类似的街道场景在欧洲城市中很常见，但在空间紧张的东京中心城区还未出现，若实现这一构想，势必将成为东京一条全新氛围的城市街道，进一步促进地区升级。目前，这个城市设计导则，包括对人行道空间利用的建议等已获得政府管理部门的认可，新虎大道两侧也已预留出 13 米宽的人行道及自行车道（图 4-50），但这一构想还要获得沿街商铺的支持才能实现。

案例扩展文献

[1] 独立行政法人都市再生機構東日本都市再生本部都心業務部虎ノ門二丁目チーム. 東京都港区·虎ノ門二丁目地区：第一種市街地再開発事業·個人施行 / 工事中 [J]. 市街地再開発, 2017, 1(561)：7-12.

[2] 森野敬充. 環状第二号線新橋·虎ノ門地区市街地再開発事業について [J]. 新都市, 2012, 8(787)：28-31.

[3] 日本設計. 虎ノ門ヒルズ：環状第二号線新橋·虎ノ門地区第二種市街地再開発事業Ⅲ街区 [J]. 近代建築, 2014(9)：51-67.

[4] 日本設計. STORY-01-2 虎ノ門ヒルズ [J]. 新建築別冊, 2017(11)：40-41.

[5] 隈研吾, 千鸟义典, 葛海瑛. 解读株式会社日本设计隈研吾对话千鸟义典 [J]. 时代建筑, 2014(6)：150-157.

4.3 赤坂一丁目再开发

赤坂一丁目再开发项目是在东京中心城区有历史、有外来文化氛围的高品质地区内，对一个已经高度成熟的街坊进行再开发，再开发项目又被称为赤坂 Inter City AIR。作为第一种市街地再开发事业项目，在特定城市更新紧急建设区域相关政策的激励下，这个项目实现了容量和定位水准的大幅度提升，实现了与区位价值相当的物业价值的大幅度提升，成为推进该地区整体振兴的一个积极举措。

4.3.1 项目背景：一个成熟的高品质地区的城市更新

1. 赤坂是有历史、有外来文化氛围的高品质地区

赤坂是东京中心城区的一处高品质地区。赤坂的城市化始于日本江户时代，最初是武士居所和商家聚集地。明治时代江户改名为东京，赤坂是东京成立之初设定的 15 区之一，范围大致是当下包含赤坂和青山的区域。历经时代变迁，这个区域内地势较高的部分（原来武士居所聚集区）逐步转变成重要官邸和富裕阶层住宅区，地势较低部分则集中了普通住宅、店铺、日式酒家和旅馆等，20 世纪 50—70 年代，这一地区形成了可以与银座相媲美的高档商业餐饮街区的品牌和特征。

赤坂聚集着美国等诸多国家的大使馆以及各类国际机构，由于外国人比较集中，这一地区内针对外国客人的高档餐厅和俱乐部等设施也很密集——浓厚的外来文化氛围也是赤坂成为高品质地区的重要因素。

由于历史和区位的原因，赤坂是东京中心城区的一处重要区域，但这一地区内的大部分建筑都是在日本经济高速发展时期建设的。各地块面积都不大，各自独立建设，建筑物基本都是全覆盖基地的布置方式，建筑物之间不留空隙，容积率相当高。但由于各块基地本身面积较小，导致建筑标准层面积十分有限，竖向交通空间相当狭小。对这样的建筑物逐栋进行改造来适应大空间办公等当代使用需求几乎是不可能的，而且建筑物理质量已趋于老旧。作为一个重要区域，该地区内的建筑类型、布局特点和物理状态与东京中心城区普通区域基本相当，这与赤坂的地位不相匹配。

2. 针对这一地区的城市更新激励政策和再开发成功案例

2002 年，为了通过城市更新刺激经济复苏和提升城市竞争力，日本政府在既有的《城市规划法》和《城市再开发法》基础上新推出了《城市更新特别措施法》，在国家层面推进城市更新。基于这个国家政策，

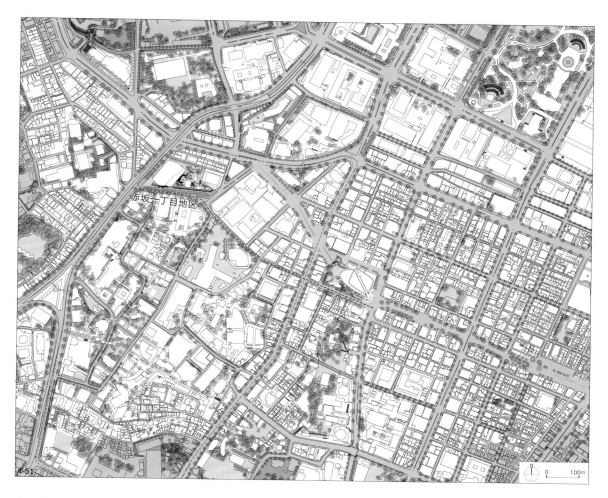

赤坂一丁目地区

4-51

赤坂于 2002 年被指定为城市更新紧急建设区域，并于 2011 年被进一步指定为战略综合特区——亚洲总部特区。依据这些激励政策，港区政府制定了《六本木—虎之门地区（大街区）综合更新计划》，针对五条城市主干道围绕的、面积约 75 公顷的范围（称为"大街区"）[1] 提出城市更新综合计划。这个大街区四周与东京中心城区其他重要区域紧密衔接，作为城市更新重点范围，从政府层面促进该区域城市环境和城市能级的大幅度提升。为提升城市环境和形象，规划建设横贯大街区东西向长 850 米的"大绿道"，与环线 2 号线相交。虎之门新城就坐落在这一相交位置，是六本木—虎之门地区城市更新的标志性建筑（图 4-51）。

　　赤坂一丁目再开发项目位于大街区范围内，在大绿道的西端，邻近有首相官邸和美国大使馆等重要地块。在该项目基地南侧的相邻地块，原有一栋办公楼和一栋面向外国人的高档租赁型住宅楼，由日铁

图 4-51 赤坂及新桥—虎之门地区，此图范围约 1.8 公里 ×1.5 公里。图上红色实线表示赤坂一丁目再开发项目范围，红色虚线表示"大街区"范围，绿色虚线表示"大绿道"范围

---

1. 大街区具体范围是外堀大街、六本木大街、麻布大街、外苑东大街和樱田大街围合的区域，也是地铁南北线、银座线和日比谷线所围合的区域。

兴和不动产持有，日铁兴和不动产拆除这两栋楼并对地块进行再开发，建成赤坂 Inter City。这一相邻地块再开发项目的成功运作是促进赤坂一丁目地区进行再开发的一个重要因素。2006 年，赤坂一丁目地区的土地权利人开始考虑再开发问题，地区东侧和西侧各自成立了学习会（非正式的协商组织）来研究再开发的可能性，这种土地权利人自发组织的、民间形式的协商成为再开发项目的开端（图 4-52，图 4-53）。

4.3.2 再开发项目的主要问题

1. 开发商促成了统一的再开发准备组合

赤坂 Inter City 再开发项目的成功大大激发了土地权利人进行物业更新升级的热情，由于开发商日铁兴和不动产在赤坂一丁目地区东西两侧均有产权，于是一些土地权利人通过学习会与开发商协商研究共同再开发计划。最初东西两侧的开发协商是分头进行的，在对用地的各种可能性进行研究的过程中，发现在更大范围实施再开发可以更高效地利用土地，也更利于与大街区综合更新计划对接，从而获得更大的政策支持。开发商聘请日本设计担任规划顾问参与项目研究过程，对日铁兴和不动产的物业单独再开发和与周边地块联合再开发等不同模式进行了多方案比较，并与其他土地权利人进行沟通协商。

日铁兴和不动产与日本设计不断与周边土地权利人进行协商，呼吁联合进行再开发，经过三年多的努力，周边土地权利人的意见逐步统一，再开发项目的用地范围逐步扩大。港区政府也对这个项目提供

图 4-52 再开发前的赤坂一丁目地区，摄于 2012 年，原有建筑拆除工作已经开始
图 4-53 赤坂一丁目再开发项目建成后的城市景观

4-53a

4-53b

了指导和支持，将项目基地所在街坊划定为可进行城市基础设施规划建设（改造提升）的区域。最终，基地东侧和西侧两个独立的学习会实现合并，所有土地权利人确立了一体化再开发的一致意见，并于2008年成立"赤坂一丁目市街地再开发准备组合"。64位土地权利人中有60位参加了再开发项目，愿意接受权利更换，剩余4位拿到补偿金后搬到了其他地区。日铁兴和不动产作为开发商，对这个项目的立项起到了关键作用。

2. 规划：土地整合与公共设施提升

港区政府将项目所在街坊（除了三会堂大厦）划定为可进行城市基础设施建设的区域，意图通过这个再开发项目拓宽周边道路，实现道路的规整化，改善公共空间及市政设施等（图4-54，图4-55）。街坊东北角的三会堂大厦，由于其历史悠久及所属机构特点等原因未能纳入再开发项目实施范围，但港区政府要求，再开发项目相关的公共设施建设规划必须考虑与这栋建筑的关系。再开发项目在城市基础设施和公共空间等方面做出贡献将获得相应奖励。由此可见，再开发项目的规划环节既包含开发土地红线以外的城市公共空间和公共设施，也包含项目开发指标等开发土地红线内的内容。

2011年，该项目规划方案确定，对拓宽规划范围内的道路、增加公共空间和公共绿化、设置地下通道和布置市政设施等进行了统一规划（图4-56—图4-58）。由于地处同一个大街坊，规划将三会堂大厦

图 4-54 再开发项目基地北侧的道路，右侧为三会堂地块，摄于2017年。该段道路并未拓宽，保持了再开发前的道路尺度

地块也统一纳入考虑。遵循公平原则，对于道路拓宽使用的土地面积由所有土地权利人承担，对于建设公共空间和公共绿地的费用（土地权利人承担的部分）也制定了公平分担的规则。总的来说，虽然没有实现整个街坊一体化再开发，但在市政设施和公共空间建设方面实现了统一规划、共同担负和共同获益。

3. 再开发项目的权益平衡和权利更换

权益问题是关乎市街地再开发事业项目能否成立，能否推进下去的关键，包括权益平衡和权利更换两个环节。再开发项目总建筑面积可以被划分为两个部分：一是返还给土地权利人的部分；二是整体出售给一家开发商或投资机构的部分。留给土地权利人的部分是否充足，售出部分的收入是否能实现收支平衡，以及是否有资本

图 4-55 赤坂一丁目再开发项目用地情况与规划控制示意
(a) 项目范围及开发前用地平面示意图
(b) 规划控制示意图，三个界面方向的道路边线有明显调整
图 4-56 赤坂一丁目再开发项目一层平面图

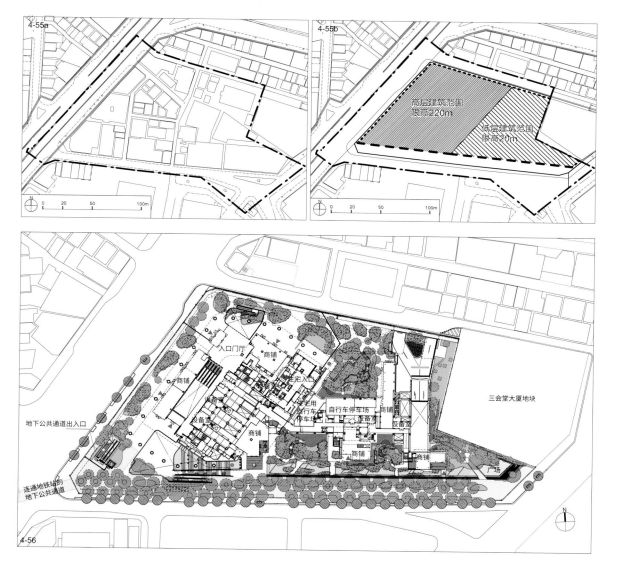

151

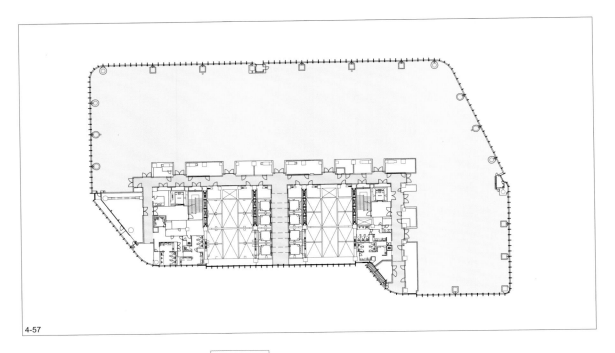

4-57

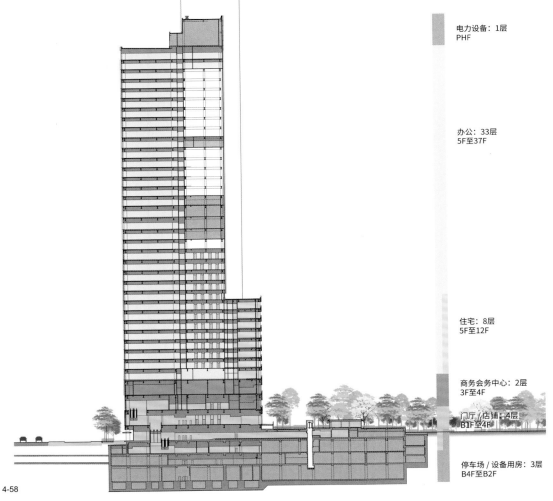

电力设备：1层
PHF

办公：33层
5F至37F

住宅：8层
5F至12F

商务会务中心：2层
3F至4F

门厅 / 店铺：4层
B1F至4F

停车场 / 设备用房：3层
B4F至B2F

4-58

愿意投入，这些都是再开发项目计划的关键。在权益能实现总量平衡的基础上，还要把所有土地权利人在新建筑中拥有的产权范围和位置一一具体明确下来，形成具体的权利更换计划，获得通过后才能进入建设实施阶段。权利更换的过程往往十分艰难，也十分耗时，是开发商需要付出大量精力的一个环节，目前日本只有极少的专业机构有能力执行这个环节。

在这个项目中，新建大厦的住宅部分是各户独立产权，共52户土地权利人获得各自的住宅，而办公和店铺部分是共有的，不做明确边界的产权分割。虽然再开发项目的非住宅部分存在多个且多样化的土地权利人，为了追求租赁型大楼的价值最大化，享受同等的开发利好，新建大厦商业和办公部分采用了权属共有的形式，确保运营和管理保持统一的高水准。

4. 项目与所在区域一体化

除了建设项目四边的道路和公共空间外，项目与周边区域形成一体化的具体举措有以下四个方面（图4-59—图4-64）。

（1）再开发项目成为横穿东京中心城区大绿道的一部分。在基地南侧规划的大绿道是该地区重要的公共资源，而本项目是大绿道的西侧起点。

图4-57 赤坂一丁目再开发项目标准层平面图
图4-58 赤坂一丁目再开发项目剖面示意图
图4-59 赤坂一丁目再开发项目东侧外观和室外景观空间，中段为住宅部分外立面，其上为办公部分
图4-60 赤坂一丁目再开发项目东南侧的附属商业建筑，形态上体现东京传统建筑风格特征
图4-61 赤坂一丁目再开发项目南侧沿街景观和人行空间，图左侧为项目内的附属商业建筑

图 4-62 赤坂一丁目再开发项目
西南角的入口下沉广场
图 4-63 下沉广场连通地下步行
通道，可直达地铁站

（2）项目基地面积的 50% 以上打造为绿化空间，成为服务周边区域的一个花园。建筑紧邻主要干道布置，空出街坊中央位置营造出丰富的绿化空间，布置樱花行道树、水景、山丘，营造出可以感受四季变化的城市休憩空间。

（3）优化交通网络。建设连接地铁溜池山王站的地下通道和入口小广场，打造舒适的步行网络。原计划在项目开发中实施北侧道路拓宽，由于三会堂大厦的原因而推迟，期盼今后能够解决。

（4）连接赤坂—六本木 ARK Hills 所在地区现有的区域供热供冷系统与热电联供网络系统，促进了能源的高效利用。

表 4-3　赤坂一丁目再开发（赤坂 Inter City AIR）项目概要

项目业主	赤坂一丁目市街地再开发组合
主要用途	办公、集合住宅、商铺、公共设施、停车场等
项目规划范围	25 000 平方米（含城市道路和广场等）
项目基地面积	16 088 平方米
建筑占地面积	7130 平方米
总建筑面积	178 300 平方米（含不计容积率的部分和容积率奖励的部分）
建筑密度	44%
容积率	9.0
层数	地上 38 层 / 地下 3 层（最高点 205 米）
住宅户数	52 户
竣工时间	2017 年 8 月

资料来源：日本设计

图 4-64 赤坂一丁目再开发项目
底层室内公共空间

4.3.3 项目落成之际的后续发展考虑

    2017 年 8 月赤坂一丁目再开发项目新建筑落成，在地块环境、建筑特征和功能配置上体现了再开发项目的意图，与赤坂地区的亚洲总部特区定位十分匹配，成为整个地区又一个标志性的城市更新项目（表4-3）。新建筑为入驻办公的企业提供不同规模的会议室、多功能厅和国际标准的远程会议设施，促进跨国企业聚集。同时，将会议室和办公大堂设计为开放式，可以作为发生灾害时的避难场所，也充分考虑业务可持续性的计划。

    项目落成后，开发单位和业主也面临今后可持续发展的问题。由于东京站附近的八重洲、日本桥、虎之门和麻布地区都在开展城市更新，这些优势地区的进一步更新将是赤坂的重要竞争对手。如何为本项目所在区域赋予独特魅力，增强其综合竞争力，并使之焕发持久生命力是今后发展的重要课题。

案例扩展文献

[1] 藤本雅生，松村匠，田村安紗希. 赤坂一丁目地区第一種市街地再開発事業 [J]. 再開発コーディネーター，2017(189)：4-7.

[2] 真崎英嗣. 赤坂インターシティ AIR[J]. 新建築，2017，12(92)：100-109.

[3] 長井美暁. 赤坂インターシティ AIR（東京都港区）：足元に 5000m² 超の緑地居心地よい場を再現 [J]. 日経アーキテクチュア，2017，11(1108)：32-39.

[4] 日本設計. STORY-01-1 赤坂インターシティ AIR [J]. 新建築別冊，2017(11)：26-39.

第 5 章

促进社区振兴并有 TOD 特征的大型再开发

5.1 代官山同润会公寓再开发

代官山是东京的一处特色地区，近代时期的代官山同润会公寓和当代的 Hillside Terrace 这两个项目对形成该地区特征具有重要影响（图 5-1），随着城市发展及该地区时尚潮流特性的逐步成熟，重建日益老旧化的代官山同润会公寓的呼声也越来越高。代官山同润会公寓再开发项目被称为"代官山 ADDRESS"，这一再开发项目为整个代官山地区增加了新的社区公共服务设施，改善了连通关系，增加了社区新住户，为整个地区的活化发展起到了很大的推动作用，同时保持真实的社区生活，避免逐渐发展为一个休闲消费区。

5.1.1 代官山——一个特色地区的兴起和发展

1. 20 世纪 20 年代，先进时尚的代官山同润会公寓

代官山与涩谷为邻，在江户时代还只是一片杂树林。1927 年，东京横滨电铁的涩谷至丸子多摩川段进一步延伸，设立了代官山站。当时代官山站是一个快速列车不停靠的小站，也是从涩谷站始发的东急东横线的第一站。

1923 年关东大地震，东京—横滨一带受灾严重，大量建筑物倒塌并发生火灾。次年，日本政府出资成立了非营利组织——同润会。作为关东大地震后东京灾后重建工作的重要组成部分，同润会为地震受灾民众建造住宅并对城市中低矮老旧木结构建筑密集地区实施改造，之后，同润会逐渐发展成为今天的都市再生机构。同润会成立之初，

图 5-1 代官山地区示意图。棕色表示代官山同润会公寓再开发项目，沿旧山手大道两侧灰色所示为桢文彦设计的代官山 Hillside Terrace 项目（1—6 期，1969—1992 年）和 2011 年开业的茑屋书店（最西端一组三栋建筑）

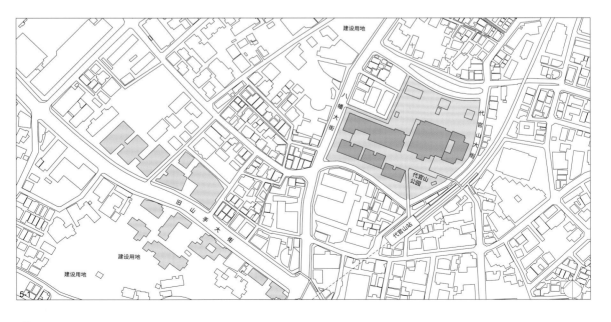

在著名建筑学家内田祥三和佐野利器的指导下，利用当时日本最先进的钢筋混凝土技术在东京都内建造了 16 处抗震耐火的公共住宅，其中包括代官山同润会公寓（以下简称"代官山公寓"）（图 5-2，图 5-3）。

1927 年竣工的代官山公寓基地面积约 19 700 平方米，建筑密度 25%，是在一片绿意盎然的坡地上建起的 2 层至 3 层的现代化钢筋混凝土建筑，有 36 栋住宅楼，共 337 户，在户型上分为面向家庭和面向单身的两种，以面向家庭的户型为主，约占总数的 7 成，配备了当时极为先进的上下水道、冲水厕所、煤气设备和垃圾道。小区内还配套了儿童游乐园、娱乐室、公共澡堂、食堂、理发店等公共服务设施。建筑和配套设施功能先进，加之毗邻代官山站，代官山公寓推出时受到了当时追求高品质生活人士的青睐，申请入住的抽签倍率高达 9 倍（图 5-4—图 5-6）。

2. 1967—1998 年，代官山 Hillside Terrace 塑造了时尚潮流的地区特征

代官山站周边主要大街旧山手大道沿线一带自江户时代起就是朝仓家族的土地，到了明治时代，朝仓家族修建水车为附近农田提供灌

图 5-2 再开发前的代官山同润会公寓及周边区域

图 5-3 再开发前的代官山同润
会公寓总平面图
图 5-4 代官山同润会公寓的典
型建筑外观
图 5-5 再开发前的代官山同润
会公寓，具有绿化多、建筑低
矮的地区特征

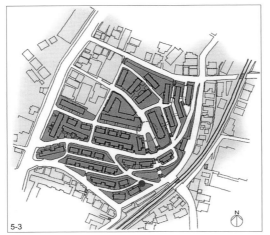

溉用水的生意非常成功，获得的利润用于购买周边土地及经营粮食生意，一举成为该地区的大地主。家族掌门人朝仓虎治郎曾在涩谷区和东京府（东京都前身）议会担任要职。

后来，由于第二次世界大战影响和支付遗产继承税等原因，朝仓家族将持有的大部分土地出售，为能有效利用仍持有的旧山手大道沿线土地，朝仓家族聘请建筑大师桢文彦共同制定了代官山 Hillside Terrace 计划，并与政府协商获得在低层住宅用地内建造商住两用住宅的特别许可。该计划于 1967 年确立，代官山 Hillside Terrace 一期更新项目于 1969 年竣工。之后的 30 年间，经过七期陆续开发，直至 1998 年最终建成。这一在建筑界和时尚界都闻名的城市更新项目为代官山地区注入了活力，既延续了日本城市空间的气质，也重塑了地区的特征和氛围，成为高雅品位、独具个性的时尚店铺汇集之地，将原本普通的纯住宅区改变为时尚潮流汇集又不失悠闲恬静的商住混合的特色地区。

3. 建成50年后，代官山公寓老旧化和重建呼声

随着时光的流逝，代官山公寓逐步老旧化。而日本经济不断增长，人民生活走向富裕，对居住的品质要求提高，日本战后婴儿潮的出现也使家庭对儿童房的需求增加，在竣工时属于最新样式的公寓户型已不能满足住户的需求，有些住户开始未经批准擅自改造房屋。尤其是在20世纪50年代，代官山公寓的产权被转售给住户，擅自改造的情况愈加严重，在1层增加房间、浴室和厨房，将2层阳台改为房间的现象层出不穷，几乎所有房屋都被改造得面目全非。

1965年前后，这一地区的发展呈现出两种趋势。一方面，地区内低层住宅改为商铺、办公用途的现象增多。代官山虽地处东京中心城区，但地区内大树参天、绿意盎然，建筑也多为低矮的小房子，优雅、文艺的环境适宜时尚店铺入驻，在 Hillside Terrace 改造项目的引领下，潮流店越开越多，潮流时尚的地区品牌形象逐渐成熟。另一方面，地区内部的建筑老化、损坏在加剧，出现了越来越多的空置房屋。除建筑物破败外，公共服务配套设施，如带游泳池的社区活动中心、幼儿园等，在东京其他区已经出现，在这个地区却很难通过小尺度建筑物的改造来实现。代官山公寓建成50年后，期待重建的住户越来越多。

1980年，当地民间组织发起再开发倡议，成立了代官山公寓再开发推进会。推进会面向代官山公寓及周边居民展开问卷调查，81%的居民选择需要重建，并希望将多年居住的熟悉、优美的环境持续保持下去。

图 5-6 代官山站周边的高密度城市状态，摄于 2017 年
(a) 代官山车站及东南侧紧邻车站的建筑
(b) 车站与代官山大街之间的一条狭长建筑带
(c) 东南侧紧邻车站的建筑
(d) 从车站东北侧的步行平台上看代官山大街及两侧建筑，左侧为代官山 ADDRESS

5.1.2 1983—2000 年，代官山公寓再开发项目过程

1. 再开发项目启动

20 世纪 80 年代初，代官山公寓再开发项目依据市街地再开发事业的相关政策，通过建造高层住宅，在保证土地权利人资产价值的基础上，将增加的建筑面积出售，并从政府获得补助金[1]。

代官山公寓再开发推进会在与居民协商达成一致意见的基础上，推动开展这一再开发项目，并于 1983 年成立了代官山地区市街地再开发准备组合。被指定为规划设计顾问单位的日本设计开始对居民的居住状况进行调研，召开听证会，同时与涩谷区政府协商沟通。

在 20 世纪 80 年代初，对战前老旧公寓进行再开发刚刚起步，代官山公寓再开发项目所在的涩谷区还没有设立专门负责这类项目的管理部门，日本设计和居民代表共同向区长提出在涩谷区设立再开发课[2]，安排专门的管理人员来负责再开发事项的行政管理。日本设计负责代官山再开发项目长达 15 年之久的东浓诚先生回忆起当年的情形曾感慨：再开发不仅是城市建设工程，也是"人的形成工程"。不仅是城市的实际规划，也是各个利益相关方在各自的岗位上都尽力而为，见证城市一步一个脚印地进步，是一个具有重大意义的项目。

该项目涉及的土地权利人包含 471 位产权人和 87 位租客，让所有权利人的意见达成统一是一项非常艰巨的工作，再开发准备组合为此组建了"准备组合办事处"专门推进项目前期工作，这个办事处的工作人员是从未来可能参与项目开发的开发投资、施工和规划设计单位调派来的，一共涉及 6 家公司，在准备组合指导下开展工作。在与权利人做沟通工作的同时，再开发准备组合与日本设计共同研究制定规划方案，注重延续代官山公寓优美环境的同时，提高容积率，将新增的面积用来出售从而筹集建设资金。

2. 泡沫经济破灭和规划方案的多轮调整

20 世纪 80 年代后期的日本泡沫经济对东京当时大刀阔斧开展的再开发计划起到推波助澜的作用。由于住宅的销售价格高涨，再开发准备组合经过估算，代官山公寓再开发项目不需要增加很多容积率也能达到收支平衡，土地权利人无须付钱就能够实现重建。但是随着 20

---

1. 目前，类似再开发项目依据日本 2002 年起施行的《公寓重建推进法》和对应制度执行。
2. 再开发课在当时东京其他一些区（如品川区）已设置，是专门负责再开发项目的政府部门。

世纪 90 年代以后泡沫经济的破灭，再开发准备组合的这一想法已经不可能实现，合作投资伙伴中有 4 家公司退出，项目一时陷入困境。后来经过反复论证，确定必须进一步增加建筑面积才能确保再开发项目资金落实。

为了增加容积率，规划方案考虑将低层住宅改造成高层住宅。当时流行在市区建造塔式住宅，在代官山公寓再开发项目中，考虑到与周边环境的协调，最终与附近居民达成在基地中央建造塔式住宅的协议。同时，代官山 Hillside Terrace 的业主朝仓先生在这一地区有很大影响力，若不能得到他的认可将很难推动超高层的建设，因此再开发准备组合主动与朝仓先生进行了沟通，最终以通过这个再开发项目改善车站与周边区域连通关系作为条件，得到朝仓先生支持再开发项目的承诺。

3. 重大转机因素——开发项目与重大电力设施建设结合

确定建造高层住宅后，面临的最大难题是市场无法消化项目增加的容积率。既要增加建筑面积，又要能被市场消化，还要满足建筑高度的限制，在这样的要求下，再开发准备组合与日本设计曾考虑利用坡地打造地下 4 层的下沉广场和面向下沉广场建设办公楼的方案，但由于泡沫经济的破裂，办公楼的需求锐减，此方案难以实现。在这样的大背景下，当时在东京电力市场占有绝对重要地位的东京电力株式会社（以下简称"东京电力"）提出了在东京都各区域建设变电枢纽站的构想，但由于涩谷地区的高密度，寻找变电站的建设用地十分困难，东京电力找到涩谷区城市建设部门进行协商。涩谷区再开发课工作人员大胆提出能否利用代官山公寓再开发项目的地下空间建设变电枢纽站的想法。1993 年，经过对各方面条件认真研究确认之后，东京电力正式提出购买面积的申请，使得不易被市场消化的地下 2 层～地下 4 层共 13 000 平方米的面积得以顺利出售。这是项目最终成立的关键性因素。

4. 再开发项目的权益平衡和权利更换

1994 年，由土地权利人、开发单位和东京电力组成的再开发组合得到东京都政府的认可，项目正式启动。启动后的首要工作是完成权益平衡和权利更换，否则不可能进入建设实施环节。关于项目的权益平衡问题，再开发后除去土地权利人应获得的住宅或商铺面积外，剩余的可售面积中，东京电力占了一大部分用于变电枢纽站建设，其余的则为食品超市（地下一层）、地上购物中心 Dixsept 和由涩谷区政

图 5-7 代官山 ADDRESS 项目
总平面图
图 5-8 代官山 ADDRESS 项目
及周边区域鸟瞰

府购买并运营的代官山运动中心等，出售这些保留楼板的收入加上从政府获得的补助金用于支付项目的工程款、补偿款及设计咨询费等。关于权利更换问题，经过多轮说明会和单独面谈，每位土地权利人确定了各自权利更换的具体位置和范围，最终有 293 户家庭搬入新建的住宅，其余土地权利人拿到补偿金后迁往其他地区。

再开发项目于 2000 年 8 月竣工（图 5-7—图 5-10）。作为地标建筑的高层住宅塔楼公寓地下 4 层，地上 36 层，共 387 户，其中近半数归土地权利人所有，其余的用于销售（表 5-1）。这座建筑高度达 119.9 米，是涩谷区最高的住宅建筑，其售价在当时的东京都属于顶级。

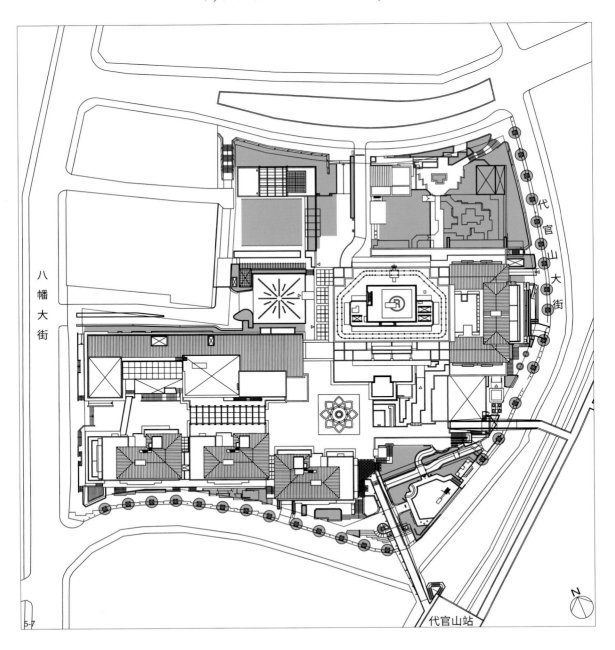

5-8

165

图 5-9 代官山 ADDRESS 项目
南向整体建筑形象
图 5-10 代官山 ADDRESS 项
目东北向的建筑形象
图 5-9　代官山 ADDRESS 项目
南向整体建筑形象
图 5-10　代官山 ADDRESS 项
目东北向的建筑形象

表 5-1　代官山同润会公寓再开发（代官山 ADDRESS）项目概要

项目业主	代官山地区市街地再开发组合
主要用途	集合住宅、商铺、公共设施、停车场、变电枢纽站等
项目基地面积	17 262 平方米
建筑占地面积	8047 平方米
总建筑面积	96 511 平方米（含不计容积率的部分和容积率奖励的部分） 其中：集合住宅 54 532 平方米，商铺 10 153 平方米，公共设施 3408 平方米，停车场 15 366 平方米，变电枢纽站 13 052 平方米
建筑密度	47%
容积率	3.0
停车位	468 个（住宅专用停车位 395 个 / 收费停车位 73 个）
住宅户数	501 户（高层住宅 387 户）
竣工时间	2000 年

资料来源：日本设计

5.1.3　再开发项目对周边区域的影响和后续发展问题

1. 对代官山地区的积极影响

　　项目对代官山地区的积极影响主要体现在四个方面：①再开发项目很大程度上改善了该地区的步行动线和步行环境，再开发前行人只能从代官山站南口经过小街前往车站西侧的八幡大道，该项目促成车站增设北口，并通过步行天桥连接项目基地内的广场、商业设施等，行人可自此直接前往八幡大道，为八幡大道注入了新的活力（图 5-11—图 5-14）。②注重对地区历史的保留，并在部分细节设计中融入并延续了代官山同润会公寓时期的风格特征，如设置了服务于本地居民的集会室，在其室内设计中再现了曾经代官山公寓内颇具人气的代官山食堂的场景，曾经公共浴室内的壁画移到了重新修建的儿童公园——代官山公园的石碑上（图 5-15）。③这一再开发项目为解决地区缺乏公共服务设施的问题提供了空间，增加的超市、幼儿园、健身房、带游泳池的社区活动中心等社区便民设施，大大增强了地区的吸引力（图 5-16，图 5-17）。④项目与地区氛围相融合，延续并增强了由代官山 Hillside Terrace 引领的时尚潮流的地区特征和人文精神，激发周边土地进入良性发展趋势。连接车站西南侧两条主要大街及 Hillside Terrace 方向的小街上增加了许多富有个性的小店，2011 年，全新业态茑屋书店也在该区域开幕（图 5-18—图 5-20）。

　　项目建成至今已近 20 年，对代官山地区的积极贡献显而易见。相

图 5-11 代官山 ADDRESS 项目与代官山站间的步行天桥
(a) 向车站北口方向
(b) 向项目内二层广场方向
图 5-12 代官山公园，图中横穿而过的是步行天桥，连接代官山 ADDRESS 项目与代官山站
图 5-13 项目内的大型公共变电设施
图 5-14 变电设施屋顶层是开放草坪，为居民提供活动空间
图 5-15 再开发项目体现地区历史延续的细节设计
图 5-16 代官山 ADDRESS 项目新增的幼儿园，布置于下沉空间，上部是商店
图 5-17 代官山 ADDRESS 项目新增的商业空间
(a) 底层商业广场沿八幡大道的入口部位
(b) 沿南侧街道的下沉式商业空间

比之下，项目中包含超高层建筑及住宅与变电站放在一块基地等问题倒没有引起争议。

2. 由居民接棒的继续建设和今后发展问题

再开发项目结算后还有剩余款项，通常做法是将这笔钱均分给项目权利人，但在代官山公寓再开发项目中，决定将其用于项目建成后的社区建设活动上，主要是用于组织社区居民参与的各类文化和宣传推广活动。这些活动后来与代官山魅力城市建设协会（民间组织）举

图 5-18 旧山手大道街景，图中左侧是代官山 Hillside Terrace
图 5-19 沿旧山手大道的茑屋书店
图 5-20 代官山地区典型的街道与建筑景观，小尺度街巷和潮流店铺是该区域特征

办的各种活动结合，并获得涩谷区政府的支持。社区硬件建设完成后，居民和民间组织在政府支持下，从软件方面持续促进社区特色氛围的不断发展。同时，媒体的大量报道使代官山人气爆棚，商铺租金高涨，这使一些经营欠佳的店铺纷纷撤离，为了蹭热度而在此开业的店铺亦惨遭淘汰。今后，只有真正传承了代官山文化特征的店铺才能够健康生存下去，期待沉静内敛、尺度宜人的代官山保持特色持续发展下去。

案例扩展文献

[1] 近代建築社. 近代建築 2007 年 9 月特集：日本設計創立 40 周年 [M]. 東京：近代建築社，2007.

[2] 张在元. 东京建筑与城市设计：第 1 卷 積文彦代官山集合住宅区 [M]. 上海：同济大学出版社，1993.

[3] 槙文彦，赵翔. 由代官山复合建筑群看社会可持续性 [J]. 新建筑，2010(6)：40-45.

[4] 櫻井泰行，孙凌波. 日本式公寓：丰富而小的空间 [J]. 世界建筑，2008(2)：24-27.

[5] 山本和彦. 目标百年建筑：表参道山庄的开发理念 [J]. 建筑与文化，2007(3)：92.

[6] 周韬. 解读槙文彦的"奥"建筑思想：以代官山集合住宅为例 [J]. 建筑与文化，2016(2)：182-185.

[7] 许懋彦. 东京代官山居住综合体，日本 [J]. 世界建筑，1996(2)：42-45.

[8] 陈泞. 代官山集合住宅 [J]. 世界建筑，1981(1)：30-32.

5.2 日暮里站前区域再开发

东京轨道交通枢纽的站前区域在强化公共交通、优化步行网络、承载高度复合功能、增加住宅和便利日常生活等方面发挥突出的积极作用，日暮里站前区域再开发项目是一个典型例子。进入21世纪后，日暮里站的交通枢纽功能进一步加强，激发了站前三个地块实施高强度复合功能再开发，并在步行系统和公共服务功能上实现联动，使有限范围内的再开发惠及周边区域，形成依托轨道交通枢纽的地区新门户（图5-21）。

5.2.1 项目背景

日暮里站是山手线、京滨东北线、常磐线及京成线上的重要交通枢纽站，车站周边地区自然景观丰富，混合了居住、商业和工业等多种功能，在东京，该地区以富有人情味和生活气息而闻名。该地区在第二次世界大战后城市重建时期进行了开发建设，20世纪70年代，由露天摊位发展起来的糖果批发商店一条街曾繁华一时，但随着时代变迁，糖果批发商店大量减少。与东京其他轨道交通枢纽的站前区域过去几十年的大幅度发展相比，日暮里站前的黄金地段一直没有被有效利用，一方面是没有充分聚集商业、办公和公共服务等城市功能；另一方面，由于木结构建筑密集，存在消防隐患，缺少环境优美的无障碍步行系统，在安全性和便利性方面都亟待改善（图5-22）。

2008年，日暮里-舍人线建成通车，标志着日暮里站的交通枢纽功能进一步提升，站前区域再开发的动因更加显著，在这一形势下，

图5-21 日暮里站前区域再开发前后对比
(a) 再开发前，摄于2004年
(b) 再开发后，摄于2015年
图5-22 再开发前的地区情况
(a) 日暮里站前区域，图上标注了三个再开发地块的划分情况
(b) 糖果批发商店一条街

日暮里站前区域市街地再开发事业项目的规划出台，推动了站前区域的整体再开发建设（图 5-23）。最初规划的再开发范围仅包括面向日暮里站前交通广场的西地块和中央地块，由于周围土地权利人也希望参与城市再开发，于是将北地块也包含进来。

5.2.2 三个地块一体化再开发的规划和主要问题

日暮里站前区域再开发项目属于第一种市街地再开发事业项目，三个地块（西地块、中央地块和北地块）基本在同一时间段内实现联动再开发，由三个被东京都政府认可的、各自独立的再开发组合分别执行，但三个项目成立了共同的协调委员会，并由一家规划设计和监理单位进行统一的规划和建设控制。

1. 规划方案：三个地块的独立与联动

日暮里站前区域规划方案是对再开发相关土地权利人想法、各地块规模、各地块与车站和周边地块关系以及各自应发挥的作用等方面进行综合分析后制定的，一方面要保障再开发的整体性，力求打造具有整体统一感的站前环境，缔造魅力街区；另一方面也要尊重各个地块不同的再开发组合的独立性，确保能分阶段分别实施。根据规划方案，三个地块的定位和作用分别是：西地块——紧邻车站，处于区域

图 5-23 再开发后的日暮里站前区域

5-23a

5-23b

门户位置，作为启动地块率先实施再开发建设，项目被命名为"站前门户大厦"；中央地块——是三个再开发地块中规模最大的，在功能和容量上将形成区域核心，项目被命名为"站前花园大厦"；北地块——容量也很大，复合功能特点突出，承载该区域重要公共机构和设施，项目被命名为"站前广场大厦"（图5-24）。

三个项目各自独立，但通过规划和组织推进的整合与联动形成了一体化再开发，三个再开发地块整体被称为"日暮里太阳城"（表5-2），为日暮里站前区域带来重大积极改变（图5-25—图5-27）。

2. 成立三个项目的协调委员会

为了推进不同业主、不同进度的三个地块再开发项目最大限度地联动和一体化建设，成立了"日暮里地区再开发协调委员会"，由各地块再开发组合的责任人组成，负责规划的整合及调整，进行意见交流等，对一体化项目实施发挥了重要作用。涉及对周边影响较大的道路交通、市政施工、电磁干扰等方面的问题时，委员会负责与附近居民、商户等进行沟通协调。工程实施过程中，涉及三个地块一体化的问题，如步行平台标高和景观要素统一等，也需要这个委员会来协调，解决实施中的具体问题。

协调委员会的工作目标主要包括：①实现该区域原有社区的持续

图 5-24 日暮里站前区域再开发项目总平面示意图，图中三栋建筑和日暮里 - 舍人线高架轨交线路围合区域为项目中心广场

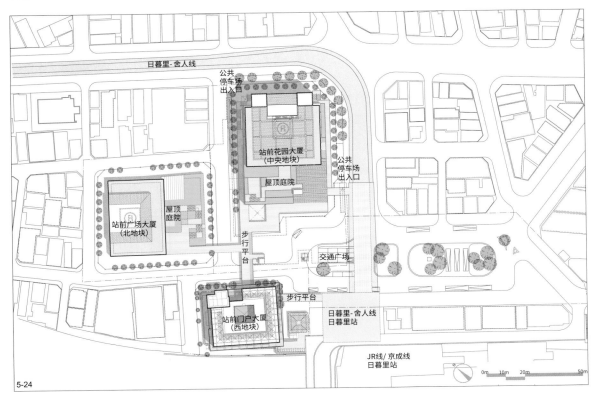

5-24

5-25

图 5-25 再开发项目建成后的东南向鸟瞰

图 5-26 再开发项目建成后的东南向外观，图中白色连廊的上层是舍人线高架轨道，下层是步行廊道，连接车站和再开发项目

图 5-27 再开发项目建成后，自车站西南侧向南所见的城市景象

发展；②保持原有的居民自我管理组织并使之得以发展；③实现三个新开发项目在管理标准和景观（含标识设计等）方面的统一；④确保三座再开发大厦的功能联动、相互利用，并降低管理费用。其中，委员会针对三栋大厦实施统一管理一事，曾与相关政府部门多次协调。

3. 统一的规划设计和实施过程控制

日本设计作为顾问和规划设计单位，负责三个地块的再开发协调、城市规划、建筑设计与实施监理工作，三个联动的再开发项目由同一家专业机构来完成是该项目成功实现一体化建设的重要因素之一。在追求统一的同时，规划设计单位也注重每栋大厦的个性——西地块、中央地块、北地块的建筑高度呈现阶梯式变化，在郁郁葱葱的山谷绿丘之上，三栋塔楼逐级上升，形成日暮里地区新的城市景观。

4. 通过步行平台实现各地块与车站连通

各栋再开发大厦与日暮里站在三层标高处通过步行平台实现连通，提升了车站周边步行的便利程度，强化了各个地块的地段优势（图5-28，图5-29）在三个地块一体化再开发基础上，通过细致的路径设计，在新的三栋复合功能建筑群中立体重现了该区域原有的步行小径，再开发项目与车站共同形成的新空间体系内具有很好的步行可达性和舒适度（图5-30—图5-35）。

5.2.3 项目推进的关键环节：权利更换

这个项目从再开发准备组合成立起到项目竣工只有 10 年，与东京其他类似项目相比，这是非常短的项目周期。项目能在这么短的周期

5-28a

5-28b

5-29

内完成，最重要的原因是针对三个再开发地块的不同特点，在权利更换过程中因地制宜进行了有效协调，使面对多位土地权利人的再开发权利更换讨论、争执并达成一致的周期大大压缩。关于这个项目的权利更换协调工作大致如下。

1. 西地块

西地块的土地所有人只有 19 名，但为了顺利推动项目，该项目再开发准备组合成立之时就让土地和房产承租人（长期租用者）也加入，使相关权利人共同参与再开发。由于没能和两名土地权利人达成协议，部分既有建筑拆除工作不能开展。西地块是日暮里站前区域再开发项目的启动地块，地块上其他土地权利人搬迁和既有建筑物的拆除施工已经展开。在迟迟不能与两名反对者达成协议，而项目本身也无法继续拖延的情况下，再开发准备组合决定通过听证会[1]途径推进项目进展。在听证会启动前，其中一名反对者与再开发准备组合达成和解，另一名反对者进入听证会程序，最终历时 5 个月，经过 9 轮听证会，双方才达成和解。从原建筑拆除施工开始到拆迁工作结束历经一年半的时间，终于迎来项目的开工建设。

图 5-28 再开发项目中心广场及关联三栋建筑的低层部分
(a) 站前花园大厦（图中右侧建筑）和站前广场大厦（图中左侧建筑），三个项目通过高架步行平台连为一体
(b) 站前门户大厦。再开发建筑具有功能复合的特点，低层为商业、中层为办公、高层为住宅。图右侧是通往地下公共自行车库的电梯，与高架步行平台相连
图 5-29 中心广场及站前广场大厦

---

1. 听证会是为了促成与少数持反对意见的土地权利人达成一致意见或确保再开发项目能进展到下一环节而设立的一个法律途径。

5-30

5-31

5-32

5-33

5-34

5-35

2. 中央地块

中央地块有 102 名土地所有人，加上承租人共有 211 名土地权利人。在成立再开发准备组合之前的协商阶段，10 多位核心权利人对再开发项目率先开展了多轮讨论，由这些核心人员多次举办面向其他权利人的说明会、新闻发布会和咨询会等，使一些有疑虑和不安的权利人了解相关情况，了解再开发带来的具体权益，从而打消顾虑，最终使所有权利人的思路和意见基本统一。这些前期工作对项目推进起了很大作用。由于这个地块再开发建设必须和与之相邻的舍人线高架轨道及站点建设保持同步，也不允许在权利更换程序上耗费大量时间，在项目经费紧张的情况下，通过高效的项目管理和合理的协调工作，这个地块再开发的权利更换计划比预定时间提前数月获得通过。

3. 北地块

北地块的土地所有人有 49 名，加上承租人等共有 101 名土地权利人。与中央地块的情况一样，在成立再开发准备组合之前的协商阶段，亦是先由少数核心权利人对再开发项目进行了必要的前期工作，并由这些核心人员面向其他权利人进行多种形式的说服动员工作，使大部分权利人统一了认识。即便如此，在项目推进过程中还是在拆迁补偿和建设周期中的生活重建等问题上产生了分歧，如果不能与激烈的反对者达成一致意见，权利更换计划就必须要修改。最终，这个地块经过修改权利更换计划，终于使权利更换计划获得通过。

图 5-30 日暮里站前交通广场，其上是车站步行廊道和舍人线高架轨道，步行廊道与再开发项目内的高架步行平台在同一标高连通

图 5-31 高架步行平台，图左侧是站前花园大厦，远处是日暮里站步行廊道和舍人线高架轨道

图 5-32 通往住宅的步行平台，图中住宅入口位于站前花园大厦西北侧立面

图 5-33 通往办公的步行平台，图中是站前广场大厦

图 5-34 沿步行平台布置菜场、传统小商铺等服务性商业，形成立体街巷，保留了该地区的烟火气和传统日本街区特点。图中步行平台位于站前门户大厦东南侧

图 5-35 临步行平台的住宅入口，图中住宅入口位于站前门户大厦东北侧立面

表 5-2 日暮里站前区域再开发项目概要

开发项目建筑名称	站前门户大厦（西地块）	站前花园大厦（中央地块）	站前广场大厦（北地块）
项目业主	日暮里西地块市街地再开发组合	日暮里中央地块市街地再开发组合	日暮里北地块市街地再开发组合
主要用途	住宅、商铺、办公、诊所、停车场等	住宅、商铺、办公、公共设施、停车场等	住宅、商铺、办公、停车场等
项目规划范围	3000 平方米（含城市道路和广场等）	7000 平方米（含城市道路和广场等）	4000 平方米（含城市道路和广场等）
项目基地面积	1770 平方米	3890 平方米	3090 平方米
建筑占地面积	1221 平方米	3075 平方米	2258 平方米
总建筑面积	22 256 平方米（含不计容积率的部分和容积率奖励的部分）	52 800 平方米（含不计容积率的部分和容积率奖励的部分）	42 590 平方米（含不计容积率的部分和容积率奖励的部分）
建筑密度	69%	79%	73%
容积率	9.5	10.0	10.0
层数	地上 25 层 / 地下 2 层	地上 40 层 / 地下 2 层	地上 36 层 / 地下 2 层
竣工时间	2007 年	2008 年	2009 年

资料来源：日本设计

5.2.4 项目反思和未来发展问题

三个项目很大程度上实现了一体化再开发，但一体化程度还没有达到理想情况。日暮里地区再开发协调委员会试图将三个复合功能大厦进行多方面的统一管理，其中一个设想是设立服务于三栋大厦的消防中心，对三栋楼进行统一监控，以削减人力和管理成本。但是，经过多方协调后认为，根据消防法及相关法规条例，跨越城市街道的多栋建筑不能共用一个消防中心，在日本尚无先例，不能获批。希望今后类似案例中能有所突破。

虽然三个地块的再开发项目进度基本一致，但由于权利更换都是在各个地块范围内进行，因此形成各个地块的新建筑都是裙房作商铺和办公、高层作住宅的模式，功能配置无法在地块之间转换，限制了建筑使用模式。另外，通过权利更换后，新建筑裙房部分的商铺被分割成小块，归属于不同的土地权利人，这种分割也对商业内容配置、裙房部分的空间组合和形成聚集人气的商业氛围造成很大难度。今后类似项目应该吸取这方面教训。

日暮里站前区域再开发项目完成后对该区域的标志性、吸引力和人气汇聚产生了积极作用（图5-36—图5-38）。日暮里不仅仅是一处交通枢纽，这个以人情味和生活气息而著名的地区，其城市资源也应值得关注——车站西侧紧邻谷中、根津、千驮木等人文气息浓厚的历史街区，站前区域除了原有的糖果批发商店一条街（位于中央地块），还有一条销售中低价格服装面料的特色街，为日暮里带来大众价廉的时尚特点。再开发项目完成后，有两家糖果批发店铺入驻新大厦，一定程度上留住了当地的部分传统行业。在个性小店难以生存的现代社会，如何保留传统街区的人情味，延续传统店铺等城市特色资源，是今后城市发展面临的课题。

图 5-36 再开发建筑底层沿街布置的服务性商业，保持了该地区商铺的传统尺度。图中是站前花园大厦面向中心广场的底层界面，由近及远依次是彩票站、自助银行和杂货店

图 5-37 再开发建筑的住宅和办公在一层临街设有独立入口，图中入口部位位于站前广场大厦的东南侧，左边是住宅入口，右边是办公入口

图 5-38　再开发项目的相邻街道，由东南向西北所见街景，图右侧棕色外立面建筑是站前广场大厦，远处是未更新区域

案例扩展文献

[1] 大塚正宏. ひぐらしの里地区第一種市街地再開発事業の特徴と課題: 隣接する 3 地区の再開発事業を一体的にコーディネート [J]. 再開発研究, 2009(25)：22-25.

[2] 大塚正宏, 竹田善彦. ひぐらしの里西地区第一種市街地再開発事業 [J]. 再開発コーディネーター, 2007(130)：4-7.

[3] 大塚正宏, 高橋恵子, 竹田善彦. ひぐらしの里中央地区第一種市街地再開発事業 [J]. 再開発コーディネーター, 2009(137)：8-11.

[4] 大塚正宏, 高橋恵子, 竹田善彦. ひぐらしの里北地区第一種市街地再開発事業 [J]. 再開発コーディネーター, 2010(144)：7-10.

[5] 荒川区都市整備部再開発課. 東京都荒川区・ひぐらしの里西地区（建物名称：ステーションポートタワー）：第一種市街地再開発事業・組合施行 / 事業完了 [J]. 市街地再開発, 2009, 6(470)：36-43.

[6] 荒川区都市整備部再開発課. 東京都荒川区・ひぐらしの里中央地区（建物名称：ステーションガーデンタワー）：第一種市街地再開発事業・組合施行 / 事業完了 [J]. 市街地再開発, 2010, 3(479)：15-22.

[7] 荒川区都市整備部再開発課. 東京都荒川区・ひぐらしの里北地区（建物名称：ステーションプラザタワー）：第一種市街地再開発事業・組合施行 / 工事完了 [J]. 市街地再開発, 2011, 1(489)：9-16.

[8] 近代建築社. 近代建築 2007 年 9 月特集：日本設計創立 40 周年 [M]. 東京：近代建築社, 2007.

5.3 中目黑站前区域再开发

中目黑站前区域再开发案例主要包括上目黑一丁目再开发和上目黑二丁目再开发两个部分，实际是两个独立实施的项目。这个再开发案例一方面具有站前区域再开发的特点，另一方面，更强调对社区更新的意义。再开发项目促进所在社区功能、开发强度、质量、就业和生活便利等方面的提升，提升了社区活力和吸引力。上目黑一丁目再开发和上目黑二丁目再开发各有侧重点，相比于重要大站的综合开发项目，这类项目在社区更新层面的意义十分突出。

5.3.1 中目黑站前区域再开发的背景

中目黑站是东急东横线上自涩谷出发的第二站，即代官山站的下一站，特急和急行列车都会在此站停车，也是与地铁日比谷线之间的换乘站。车站是高架式车站，面向山手大街，车站附近有许多适合大众消费的餐饮店。自 20 世纪 80 年代起，车站附近的目黑川两岸就栽满了樱花树，附近的代官山和三宿等地区聚集了许多时髦餐厅，商业范围随之扩大，中目黑也被纳入时尚潮流区域。在此背景下，目黑区政府为了实现车站附近土地的高效利用，同时解决交通问题和增加社区各项配套功能，计划实施由民间力量主导的第一种市街地再开发事业项目。再开发项目范围紧邻车站，分别位于山手大街东西两侧的上目黑一丁目和二丁目（图 5-39—图 5-41）。

5.3.2 以居民为主体的再开发过程

1982 年，为了召开以居民为主的讨论交流会，成立了"上目黑一丁目城市开发协议会"（沟通协商组织形式）。1988 年，目黑区制定了中目黑站前区域及周边的再开发构想，组织了由当地居民参与的学习会、开发项目说明会和针对居民进行的个别咨询等。日本设计的专家作为目黑区的规划设计顾问多次参与这些环节进行规划说明。1990年 7 月，目黑区完成了上目黑一丁目和二丁目市街地再开发事业项目的基本规划，两个街区的再开发定位有所不同，一丁目以住宅为主，二丁目以办公设施为主。同年 9 月，一丁目的居民成立"中目黑站前东地区再开发研究会"，集体研讨一丁目再开发问题，上目黑一丁目再开发正式进入议事日程。这个以居民为主的研究会根据规划设计顾问提出的方案，在购买住宅再开发保留楼板的候选开发商中选定一家开发商，基于由开发商提供的市场分析及开发计划，再对规划设计方案进行调整。

经过目黑区政府协调，日本设计与居民不断研讨，对再开发规划方案进行反复推敲和修改。1993 年，中目黑站前东地区再开发研究会终于又发展一步，成立了以居民为主体的再开发准备组合，主要工作目标是实现上目黑一丁目再开发项目规划方案的确立。再开发准备组合一边向反对或对再开发有疑虑的居民做说服工作，一边将支持再开发的土地权利人的意见集中起来，努力争取规划方案能获得超过 80%的土地权利人的同意。根据行政管理程序，再开发项目的规划方案确立实质上是通过城市规划程序授权确立某区域为应该进行再开发的区域，或者说是以规划通过来批准再开发权。由居民组成的再开发组合要获得东京都政府认可，确立规划方案是必要条件，也是项目成立的必要条件。再开发项目规划应包括该区域住宅建设的目标、道路和公园等公共设施及建筑基地布局等内容。由于这个项目再开发范围内有公营住宅，该住宅也希望能跟随再开发项目一起重建，但是涉及产权和管理程序等方面的问题十分复杂，也少有先例参考，这是规划环节的难点问题。经与相关部门的长期协调，最终在 2000 年 8 月实现了规划方案的确立。

相比之下，上目黑二丁目以办公设施为主的再开发进展较快，于 2002 年竣工，对一丁目再开发进展产生了积极影响，项目进程加速。2003 年 2 月上目黑一丁目再开发组合获批成立，2005 年 10 月权利更换计划获批，2009 年 9 月项目竣工。

5-39

图 5-39 中目黑站前区域再开发过程中的鸟瞰，图中道路右侧的上目黑二丁目再开发项目已建成

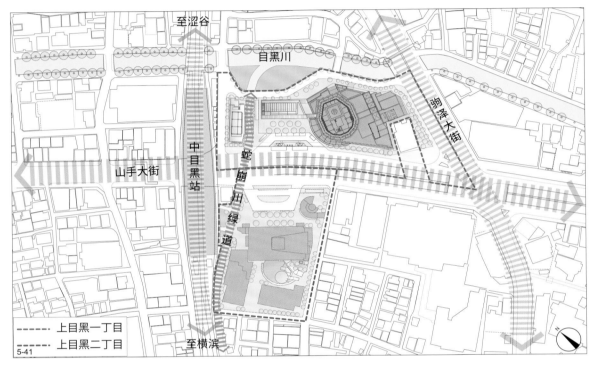

5.3.3　再开发项目的重点问题

两个再开发项目虽然定位不同，实施主体的特点也不同，但都对所在区域的道路交通、步行网络和公共空间等方面产生了积极影响，使站前区域和当地社区的便利度以及环境质量发生很大程度的改进。以一丁目为例（图 5-42—图 5-44），再开发项目主要注重了以下三个问题。

1. 交通广场的建设

中目黑站附近的公交车站和出租车站都设在山手大街沿线，以再开发项目为契机，在项目用地范围内临山手大街的部分建设交通广场——设置港湾式公交车站和出租车站，能大大减缓站前区域交通混乱的状况，提高交通安全性。交通广场的建设资金由目黑区政府承担，同时，由于利用了再开发项目内的土地，政府会给予再开发项目相应

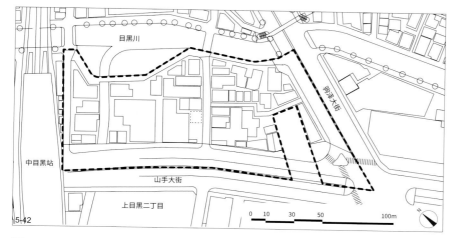

图 5-42 上目黑一丁目再开发前的用地情况

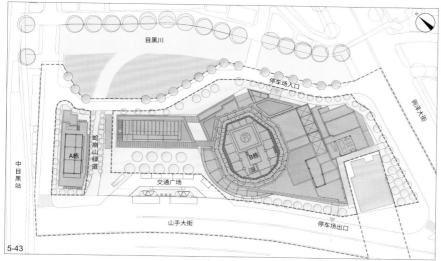

图 5-43 上目黑一丁目再开发项目的总平面示意图

的容积率奖励。再开发项目建成后，交通广场的管理和维护将由目黑区政府负责。

2. 涉及公营住宅的问题

再开发前的上目黑一丁目存在诸多问题，如站前区域没有公共空间、人行道狭窄、土地利用效率低、老旧木结构住宅密集等。同时，再开发范围内有部分住宅是公营住宅，涉及 61 户住户，这些公营住宅也必须纳入再开发项目进行统一规划。然而，公营住宅再开发适用的政策和管理程序与普通住宅再开发是不同的，不同属性的住宅在进行共同再开发时存在政策瓶颈，尤其是在权利更换环节，操作难度很大。比如，依据以往法规，公营住宅的产权人必须独立作为再开发项目的项目主体才能获得公营住宅的相关国家补贴，即一旦加入再开发组合就无法获得补贴。不过，这一难题在相关法规修订后有了解决办法，公营住宅产权人若购买再开发项目新建大厦的一部分面积，则整个再

图 5-44 上目黑一丁目再开发后
沿山手大街的建筑形象

5-44

开发项目也可获得公营住宅的相关补贴。

　　新建成的超高层住宅 Atlas Tower 地上 45 层、地下 2 层，高达 164 米，是中目黑地区的城市地标。大厦 6 层以上全部为住宅，共有 495 户住户单元，其中 178 户提供给回迁住户（包括原公营住宅住户），都市再生机构获得作为剩余楼板面积的 196 户（位于 9 ～ 25 层）并用于出租。余下的住户单元均由旭化成株式会社（投资单位）整体购入后单独出售。

3. 规划：再开发目标、布局和节点设计

　　规划方案确立的再开发理念是提升人居环境品质，让城市面貌焕发新光彩，打造中目黑站前和目黑川沿岸的魅力街区，并提出以下目标。①缔造充满魅力的站前环境：建设交通广场和支路街道，建设行人专用通道和小广场；②开发城市型住宅：提供可应对多种生活方式的高品质城市住宅；③为商业注入活力与适当的办公功能配置：打造具有

连续性且充满魅力的商业空间，配备与区域核心位置相匹配的办公与服务配套功能；④缔造舒适宜人的生活环境：打造绿化丰富的室外空间（图 5-45，图 5-46）。

由于居民意见方向的不同，以及不同住宅属性的政策约束问题，规划方案也仔细研究了平面功能分区，并根据实际需要对功能布局和其他重要问题采取了应对办法，这些都体现在最终实现的总体布局上（表 5-3）。①超高层住宅：可以安置大量拆迁居民，剩余楼板面积用于出售，附加价值较高，景观视野良好的超高层住宅布置在地块核心位置；②公营住宅（地上 13 层）：再开发前拥有公营住宅产权的目黑区政府通过权利更换获得新增面积，并负责运营新建的公营住宅；③站前附带商铺的住宅楼：再开发之前，持有店铺的土地权利人仍希望通过分区所有方式持有商铺面积，针对这部分权利人的要求，打造了单侧走廊式的 12 层建筑，建筑紧邻高架布置，其中 1 ~ 5 层为商业店铺，6 ~ 12 层为这些居民的回迁住宅。

图 5-45 上目黑一丁目再开发后沿目黑川的城市景象，新建超高层建筑具有明显标志性

图 5-46 上目黑一丁目再开发后临山手大街的交通广场，包含港湾式公交站和出租车站

表 5-3 中目黑站前区域再开发项目概要

开发项目地块	上目黑一丁目	上目黑二丁目
项目业主	上目黑一丁目市街地再开发组合	上目黑二丁目市街地再开发组合
项目规划范围	14 000 平方米（含城市道路和广场等）	12 000 平方米（含城市道路和广场等）
建筑占地面积	4404 平方米	3500 平方米
总建筑面积	71 197 平方米（含不计容积率的部分和容积率奖励的部分）	57 660 平方米（含不计容积率的部分和容积率奖励的部分）
建筑密度	69%	50%
容积率	7.7	7.0
竣工时间	2009 年	2002 年

资料来源：日本设计

5.3.4 项目反思

再开发之前，项目用地范围内混合了高度利用的耐火建筑和各类老旧木结构建筑，土地权利人较多，包括公营住宅住户在内，拥有超过 300 名相关土地权利人，再开发组织协调难度很大。但当地居民代表们怀着"不论遇到多大困难，都要靠自己的双手来建设自己的家园"的执着信念，为了通过再开发实现比较理想的家园，不辞辛苦，经过不计其数的协商沟通，艰难推进再开发项目建设。很多城市再开发项目即使最初是由居民发起，最终也会出现由介入的开发商实际控制主导权的情况，但上目黑一丁目的居民经过努力，自始至终掌握了项目开发的主导权，可以说这是一个真正由本地居民为主体的城市再开发案例。

上目黑一丁目和二丁目这两个街区再开发项目完成后，对站前区域和社区的改变都十分显著（图 5-47—图 5-49），居住、工作和休闲的综合氛围更加明显，甚至在轨道交通高架下毗邻一丁目的位置开设了体现新潮都市生活方式的茑屋书店，标志着这一区域焕发出新的活力和吸引力（图 5-50—图 5-53）。

图 5-47 上目黑二丁目再开发项目完成后，正对山手大街的建筑形象

图 5-48 上目黑二丁目再开发后临山手大街的交通广场，设置与对面上目黑一丁目同样的港湾式公交站和出租车站

图 5-49 上目黑二丁目再开发项目内，由三栋建筑围合出来的室外公共空间，具有内向性特点

图 5-50 位于中目黑站高架下的自助银行
图 5-51 中目黑站高架下空间被充分利用来布置商业
图 5-52 中目黑站高架下开设的茑屋书店
图 5-53 中目黑站西北侧的相邻街巷，图右侧是未更新区域

案例扩展文献

[1] 目黒区街づくり推進部地区整備計画課. 東京都目黒区・上目黒一丁目地区（建物名称：ナカメアルカス中目黒アリーナ・中目黒アトラスタワー）：第一種市街地再開発事業・組合施行 / 工事完了 [J]. 市街地再開発，2011，5(493)：44-51.

[2] 大塚正宏，竹田善彦，村岡大祐. 上目黒一丁目地区第一種市街地再開発事業 [J]. 再開発コーディネーター，2010(145)：5-8.

[3] 上田卓司. 等価交換事業から市街地再開発事業への転換：上目黒二丁目地区第一種市街地再開発事業における事業協力者のロマンとそろばん [J]. 再開発研究，2007(23)：13-17.

[4] 目黒区都市整備部開発課. 東京都目黒区・上目黒一丁目地区：第一種市街地再開発事業・組合施行 / 都市計画決定 [J]. 市街地再開発，2001，3(371)：8-15.

[5] 藤澤和弘. 上目黒二丁目地区第一種市街地再開発事業 [J]. 再開発コーディネーター，2002(100)：4-6.

[6] 近代建築社. 近代建築 2007 年 9 月特集：日本設計創立 40 周年 [M]. 東京：近代建築社，2007.

第 6 章
东京城市更新经验的解读与启示——基于上海转型发展与城市更新的角度

沙永杰

6.1 城市更新是亚洲城市面临的挑战与发展机遇

当前，亚洲的发达城市，东京、新加坡和香港等都在最大限度地推进城市更新，对代表城市竞争力水平的重要区域的更新举措甚至可以称为"再城市化"。这些亚洲发达城市，尤其是在已经十分成熟的城市中心区，仍面临城市功能、容量和质量大幅提升的需求，人口持续增长或人口增长需求仍是城市发展的动力，这一点与西方发达城市存在明显差别。由于发展阶段不同，亚洲各发达城市在 20 世纪 60—90 年代的快速发展中已经积累了相当丰富的城市更新经验，这些经验对中国内地城市当前面临的一些问题仍有参考价值。当前，这些亚洲发达城市进入新一轮更高程度的城市更新——通过政府和市场力量合作的方式大幅升级公共交通、公共服务和公共空间等城市网络，在重要城市节点部位通过地块更新（再开发项目）大幅提升节点区域的承载力、内容和质量……目的是进一步提升城市能级，保持城市竞争力，并提升市民的满意度。概括地说，城市更新主要体现在两方面：一是以地块为单位的再开发项目；二是政府推进的，公共性、网络化和系统性的城市建设更新，两方面内容结合越紧密，城市更新成效就越显著。因此，亚洲发达城市 21 世纪以来的城市更新往往位于城市节点区域，尤其是城市轨道交通站点周边区域。本书分析的 12 个东京城市更新重大项目都与轨道交通站点关系紧密，项目既要满足自身功能独立完整和升级换代，又要最大限度承担城市公共性内容，并能与城市公共交通等城市网络有机整合——这是亚洲发达城市当前城市更新项目的普遍特征。

虽然日本的人口已经出现负增长趋势，但东京人口仍在增长，东京作为全球最重要城市之一，其代表日本参与全球经济竞争的地位仍在继续加强。但随着上海等其他亚洲城市的快速发展，东京必须有进一步发展才能保持领先地位。日本在亚洲率先进入老龄化社会，加上东京居住生活成本高，如何吸引和留住年轻人和年轻家庭，也是东京发展必须面临的问题。以举办 2020 东京奥运会为契机，东京 2015 年发布的《东京长期发展愿景》（Creating the Future: The Long-Term Vision for Tokyo）提出了建设"世界第一城市"的目标，进一步加大城市更新推进力度。东京在城市更新方面采取的举措，无论是在城市整体格局、重要城市区域还是地块开发层面，都必须是促进经济和人口积极发展，大幅度提升城市功能、效率、质量和竞争力的综合考量。本书分析的一系列东京城市更新重大项目展示了东京进入 21 世纪以来的城市更新轨迹，也能体现出东京前一轮，甚至更早期的城市建设轨迹。这些重大项目既是东京城市更新的缩影，也反映出当前亚洲发达城市大力推进城市更新的共同趋势。

中国城镇化已经进入转型发展的新阶段，调整城市结构，提升城市能级、质量和承载力，在土地利用上控制增量和盘活存量成为今后城市发展的主导方向。在此背景下，城市更新受到广泛的高度重视，北京、上海、深圳和广州等城市陆续推出城市转型发展相关政策和举措，城市开发等领域也随之进入方向性改变的转型阶段。上海市政府于 2015 年颁布《上海市城市更新实施办法》，2017 年发布《上海市城市更新规划土地实施细则》，2018 年初发布的《上海市城市总体规划（2017—2035 年）》明确提出"内涵发展"——包括实施创新驱动、推动城市更新、提升城市品质和推进城乡一体四方面内容，这些都标志着上海城市发展模式转型已经拉开序幕。

6.2 东京城市更新重大案例解读

6.2.1 理解东京：城市更新重大案例的背景条件

东京是最能代表当代日本经济、政治、社会与文化的城市，东京的形成和演变发展过程、东京在日本的地位以及在日本经济发展战略中的角色、日本社会和文化方面的特征等，都影响东京城市更新的政策、操作模式和管理办法。东京的再开发项目既有国际化的一面，又有日本独特性的一面。社会和经济等城市背景因素的不同是造成不同城市之间发展演变差异的重要原因，也是理解城市再开发项目的前提，一些在日本属于常识的观念和做法，在其他国家则完全不同，甚至难以理解。本书分析的 12 个城市更新重大案例必须放在东京城市背景之下才能合理解读，为了客观解读这些案例，须强调以下四点背景条件。

（1）东京具有一个由轨道交通塑造的，结构清晰、历史悠久且能持续演化完善的城市整体结构。东京中心城区的城市结构是由轨道交通环线 JR 山手线形成一个环，串连起沿线代表城市中心的东京站、若干副都心和城市重要节点区域。JR 山手线始建于 1886 年，至 1925 年形成环路，全长 34.5 公里，一直是东京中心城区最重要的公共交通线路，位于环线上的副都心和重要节点区域都有各自鲜明的功能、形态和文化氛围特征。1925 年山手线形成环路时，新宿等今天的副都心区域都处在城市化起步之初。如今，新宿和涩谷副都心不仅在日本家喻户晓，也是国际知名的城市地标区域。山手线上的大多数站点都是汇集多条轨道交通的枢纽站。其中，新宿站和池袋站的日均乘客流量高达 350 万人次和 250 万人次，是全球最繁忙的两个轨道枢纽站。这些枢纽站地下、两侧及相连地块都设有大规模百货店和其他各类商业设施，与车站形成综合体，并依托枢纽站形成约 1 平方公里，兼具高强度开发、功能复合与高效运行特征的副都心或重要城市节点区域。从山手线各个站点向郊区发散出去的轨道线路和覆盖中心城区的地铁线路在环状结构基础上大幅扩展和网络化。第二次世界大战以后，发散至郊区及卫星城的轨道线路和地铁线路持续增加或加强整合，依托强大的轨道交通网络，不仅形成了巨大的东京都市圈，也凸显了山手线上一系列依托交通枢纽的城市节点区域的重要性。一个世纪前超前建设，至今仍在不断完善发展的轨道交通是东京具有超强的人口和功能承载力，并能高效运行的先决条件。东京城市整体结构，尤其是城市重要节点区域的分布，也是由轨道交通网络塑造的。这个稳定而又不断完善的，公共交通功能强大，既有网络化又有层级化特征的城市整体结构"吸引"所有城市开发建设用地最大限度地与城市运行体系有机结合，而非追求开发项目自成一体。本书分析的 12 个再开发案例都处于中心城区内的轨道交通枢纽或重要站点位置，从这个角度看，这些项目都可以说是 TOD 项目。

（2）**东京城市更新是国家政策调控与资本意志相结合，并有小业主参与的完全市场行为。**由于轨道交通网络不断完善和发达，从 20 世纪 60—90 年代初，随着经济发展不断扩张蔓延的东京都市圈可以说是一个比较成功的"摊大饼"式的城市发展模式。但在 20 世纪 90 年代泡沫经济破裂和亚洲金融危机之后，再度提振东京城市竞争力的城市更新举措已不可能继续采用蔓延的模式，有限的资本力量和政府管理资源必须聚焦轨道交通网络中的重要节点部位，依靠这些重要城市节点部位的大幅升级换代提振东京的竞争力。但在具体操作中仍存在一些实际问题：已有很好基础或具有发展潜力的重要节点区域往往涉及大大小小的众多土地权利人；政府希望通过城市更新同步提升该区域的基础设施能力，包括轨道交通枢纽换乘效率、地下连通能力、防灾设施水平、公共服务和公共空间网络等方面，而又缺乏资金；资本力量对于将资本沉淀在城市某个区域的选择十分谨慎，不可能投向基础条件和区位缺乏竞争力的区域。在这种状态下，政策层面去除了很多束缚条件，包括对容积率的限制，也对土地权益转移和共有等新模式提供了通道，并将公共交通等市政投资向重要节点区域倾斜，确保吸引资本力量进入重要节点区域，实现这些区域的升级换代，尤其注重能级与效率提升。在这一轮城市更新中，与以往每块项目用地的边界条件和权属关系都单纯而清晰的情况完全不同，有价值进行更高强度开发的土地上会有数量多且背景多样的项目权利人，资本介入后不动产总价值大幅提升的更新项目如何在众多大小权利人之间重新分配资产，如何承担配合新项目的公共基础设施资金等，都是再开发项目过程中必须解决的问题。除了政策通道外，还需要各方达成均能接受的操作模式，而这必然是一个多方博弈的市场行为。在日本，大部分土地是私有的，如果没有合理的资产权益，权利更换无法实现，而政府掌握的土地资源很少，且公共财力有限，因此出现东京环状 2 号线拖延超过半个世纪才能实现，丰岛区政府则想方设法不花费公共财政实现区政府新办公楼建设。在新加坡，国家掌控土地比例很高，中国城市采用土地划拨或批租的方式。不同国家在土地政策方面的不同，直接影响城市更新项目模式。

（3）东京具有多元共生和高度统一两方面的城市特征。英文文献中有关东京的城市研究成果都会提及东京的多样性和包容性特征。由长期居住在东京的两位美国人，作家唐纳德·里奇（Donald Richie）和摄影师本·西蒙斯（Ben Simmons），合作出版的《介绍东京》（*Introducing Tokyo*，1987）和《超大都市东京》（*Tokyo Megacity*，2012）是最有代表性和影响力的成果。两本书出版时间相差 25 年，但体例和观点上很相似，都对东京的复杂性、多样性和包容性给予了极高的评价。作者认为东京的多元共生来自现代与传统、东方与西方，加上体现世界先端技术与潮流等多方面因素的高度混合，这种多元特征没有任何其他城市可以与之匹敌。《介绍东京》至今仍被一些西方旅行者和研究者作为了解东京的入门读物，该书包含 20 世纪 80 年代的东京若干重要区域的城市影像，对银座、新宿、秋叶原和浅草等东京重要区域的不同特征，及同一区域内不同性格的街道和场景都表现得极其生动，今天看起来仍然能感觉到 30 多年前的东京十分国际化、十分潮流，而且十分"日本"，是东京城市多样性的极好注释。日本著名建筑师芦原义信的《隐藏的秩序——东京走过 20 世纪》[1]则从日本人的视角分析了东京城市场景与自然、文化和生活方式的关系，揭示出东京日常生活秩序中的普遍性"规则"。普通旅游者也能够体会到东京的多样性。比如东京山手线上各个重要站点区域，尤其在几个繁华时尚的副都心区域，能体验到完全不同的城市氛围，而当前发展中国家城市的繁华区域则呈现出被所谓一线国际奢侈品牌占据，而逐步趋同的状态。此外，本书分析的大部分再开发项目附近，仍有为数不少的低矮的院落式的，具有一定传统特征，十分安静的城市肌理，是传统的东京生活方式的延续，二者之间形成一种相互映衬的城市魅力。

---

1. 这本书于 1989 年在日本出版，书名为《隠れた秩序：二十一世紀の都市に向って》（中央公論社），1993 年被译成中文，在中国《建筑师》杂志总第 52 和 53 期连载发表，引起很大关注。

多元共生的同时，东京在城市细节上的统一性非常突出。如城市主要街道上沿人行道整齐排列的各个地块或建筑的入口地坪标高几乎完全平齐，且与人行道路面之间没有高差，虽然地块大小和建筑物的新老和高低不同，各个建筑的入口形式也不同，但与人行道交接部位的高差处理则能做到高度一致。同时，入口部位的招牌等附加物，尽管形式和材质多样，但尺度上较为统一——这也体现出城市管理方面的成效。20世纪70、80年代建造的沿街道排布的"铅笔楼"是东京的特色景观之一，同样能体现出多样性（各自的形式与色彩等）与统一性（共同遵守的贴道路红线及彼此之间无缝贴合等规则）共存的特点。

（4）东京是一个文化大都市，拿来主义与保持日本独特性并存。今天的东京无疑是全球最重要的文化大都市之一。从明治维新以来，日本一直主动向西方发达国家学习，拿来并改进西方技艺，同时刻意保持日本的独特性，坚持"和魂洋才"理念，形成当代日本文化的特征。这种文化特征体现在当代日本城市的很多方面，尤其在历史建筑保护方面。日本历史建筑保护研究与实践工作中体现出的两种不同用意——对待日本传统建筑，偏于恪守古法，强调保存和加强日本文化的独特性，这与日本人坚守和服、寿司和相扑等传统文化的情况一致；而对近代建筑的保护则体现出明确的再利用原则，强调在城市景观和功能方面发挥更大作用，保护近代建筑就是要使之再生，带动周围城市环境复苏，并要满足经济利益要求。这种对近代建筑进行再利用的观念在20世纪90年代初的日本已经形成共识，而没有纠结在"原真性""修旧如旧""修旧如初"和"原汁原味"等问题上。近代建筑如果不进行有效利用就失去了存在的意义，因此保护实际上是创新的过程，是出于城市发展的考虑[2]。东京城市发展中没有把大丸有地区、日本桥地区和代官山区域当作历史保护区，尽管这些地区从历史方面来说完全可以列入最高级别的历史街区，就与这种城市文化观念有密切关联。

6.2.2　城市更新重大案例的特点

（1）重大再开发项目的必要条件。东京重大再开发项目离不开四个必要条件：国家战略层面的政策支撑、资本的意愿、城市政府职能

---

2. 日本著名建筑史家村松贞次郎倡导并指导开展的日本近代建筑调查和保护运动对当代日本城市具有深远意义，其"保护实际上是创新的过程"的学术观点在日本建筑界产生广泛影响。村松贞次郎曾于1987年和1993年在中国发表学术文章，明确阐明这一观点，参见发表于《世界建筑》1987年第4期的《近代建筑史的研究方法，近代建筑的保存与再利用》和发表于《建筑学报》1993年第3期的《近代建筑的保存意味着新的创造》。

部门的管控能力、专业机构的执行能力。四个条件涉及不同层面，由不同力量通过不同途径发挥各自不可替代的作用，整体上又是一个合理的运行机制。

国家战略层面的政策支撑是开启新一轮城市更新进程的首要条件。21 世纪初，日本在全国范围推行城市更新政策，意图通过城市再开发刺激经济复苏、提升城市竞争力和居民生活质量。政府频繁修订《城市规划法》和《城市再开发法》，并于 2002 年新推出《城市更新特别措施法》，大大放宽了可进行城市更新区域、实施主体和容积率等限制条件，尤其支持城市交通枢纽部位已有较高强度的重要区域的升级。政策激发了资本的意愿，吸引日本重大资本和财团成为城市再开发的实施力量，可以说没有市场资本介入，东京新一轮城市更新不可能实现。此外，土地规划管理等政府职能部门的推进、协调和管控能力在城市再开发项目实施过程中必不可少，而且效率比较高。本书中多数再开发案例都有加建地下通道或架空连廊与轨道交通站点连接，将区域内所有的公共空间与建筑物的开放空间融为一体等做法，还有在高度、容量、再开发项目与市政道路用地叠加等若干突破既有法规的做法，城市管理部门在进行项目审批过程中如何管控这些超常规作法，今后仍需进一步研究。在汐留等大型项目中，分期开发地块和建筑物之间，涉及地上地下若干层的一体化公共步行系统在标高和衔接关系上几乎没有瑕疵，也是规划管控和实施协调能力的证明。同时，东京重大再开发项目涉及的各种创新性的，超常规的规划设计、技术、法规和经济等方面问题都是由高水准的专业机构与开发单位和政府相关部门一起研究解决的，这些高水平的专业力量也是项目得以实现的重要条件。

（2）**多方利益平衡问题**。除了资本力量关注的商业利益，重大再开发项目还要确保小业主利益和城市公共利益，具有多赢的特点。

一是确保小业主的利益。提出再开发计划的城市重要区域内往往有很多大大小小的土地权利人，虽然再开发项目往往是由政策和资本自上而下提出来的，但项目要真正成立也必须获得所有业主，即所有土地权利人的同意。本书案例中，小业主通过再开发项目是获益的，同时，为确保小业主利益，综合性再开发也创造性地做出了以往很少见的建筑模式，如：丰岛区政府办公楼和住宅综合体开发项目中将几个建筑功能和容量叠加，虎之门新城和赤坂 Inter City AIR 大厦中都插入了一个流线完全独立的住宅分区，合理解决了兼顾一体化和各自独立的问题。

二是确保城市公共利益。通过再开发项目实现对城市硬件水平的明显贡献，包括对城市基础设施和公共空间网络的提升或完善，如将再开发项目的地面层和地下层开放为城市公共系统的组成部分，与轨道交通站点连接，设置便民超市等服务设施，将防灾设施、公共绿化或区域集中供冷供热系统升级等。换句话说，因城市公共财政缺乏资金而不能开展的城市公共或基础设施提升通过再开发项目得以实现，政府部门通过容积率奖励和协调项目进展等途径，将城市硬件提升与再开发项目整合，而这对再开发项目也十分有利。这一点与西方发达城市的规划奖励策略一致。

（3）**重大再开发项目的局限性**。本书中的重大再开发案例并不代表东京城市更新的全部，只是提升全球城市竞争力必不可少的一个方面。东京由各种民间力量，包括小业主、建筑师、文化人、社区或非营利组织等方方面面力量开展的自下而上的各类城市更新或社区建设工作也是当代东京城市更新的重要组成部分，对保持东京的多样性和城市生活特色有重大意义。在东京的建筑师和社会、文化等领域的学者中，经常可以听到对东京 21 世纪以来的重大再开发项目的批评和质疑，由于土地和资本的限制，即使有更多小业主愿意参与，重大再开发项目也不可能大范围铺开，毕竟资本能支撑且长期持有的高等级项目（不动产）总量十分有限。因此，这一轮东京城市更新与泡沫经济时代的城市开发不同，不是城市无节制的蔓延，而是聚焦城市轨道交通枢纽部位的重点区域的更新与升级，这也杜绝了城市蔓延扩张带来的一系列风险。

通过城市再开发拉动经济发展，在全球经济波动的现实条件下，必然存在风险，也必然存在城市不同区域之间的竞争问题。但东京通过这一轮城市更新，在城市重要区域，尤其是高端商务区的综合能级方面实现了升级，同时实现了区域城市基础设施的综合提升，这种提升城市竞争实力的用意和实效是不可否认的。

6.3　亚洲发达城市的更新趋势

6.3.1　城市更新是提升城市竞争力的必由之路

20 世纪 90 年代初，以上海浦东开发开放为代表的中国高速城市化进程促进了全球经济发展，也刺激了全球重要城市之间的新一轮竞争，尤其体现在通过城市重要区域升级换代提升城市在金融等方面核心竞争力。进入 21 世纪，无论欧美的伦敦和纽约，还是亚洲的东京和新加坡，都在持续推出代表人类城市建设史上最高水平的城市开发重大项目（再开发项目为主）——此类项目容量和复合程度极高，均以强化公共交通基础设施或与之形成有机整合为前提，聚焦代表全球城市金融中心地位的重要区域，在很多方面突破以往法规和常规做法的限制，在地上地下一体化、多种功能复合、兼顾对城市开放和确保自身功能的独立性等方面推出了一系列创新模式。可以说，在进入21世纪的近20年间，全球最先进的CBD通过再城市化正在实施升级换代。这些发达城市的举措和成效证明，城市更新是提升城市竞争力的必由之路。

亚洲发达城市的更新举措更加显著。2000年以来，东京和新加坡在总体规划或对应的宏观政策调整、城市战略性重要区域再开发、新类型重点项目推广和城市交通等基础设施加强等方面的推进程度，尤其是在关乎城市能级和城市布局调整的重要区域建设方面，甚至可以用"一年一个样，三年大变样"这句20世纪90年代形容浦东开发开放建设速度的话来形容。在城市重点区域更新升级方面，东京大丸有地区和新加坡金沙湾地区是两个典型代表。以东京大丸有地区为例，这个面积1.2平方公里，亚洲第一个真正意义的CBD在过去近20年间开展了一轮规模浩大，且目前仍在持续的再城市化进程——地上建筑容量几乎翻倍，地下建成几乎与地面人行路网相当的步行和公共配套网络，将整个区域的办公楼、轨道交通站点、商业服务设施、公共空间和人防设施在地下完全融为一体，整个区域建设集中供热供冷系统，并大幅提升防灾能力，新建高档超高层办公楼和复合功能建筑将底部空间（地上一或两层及地下一或两层）以及地面的小型公园完全开放，成为能承载便利店等普通商业服务功能的城市公共空间网络中的一个节点。同样的更新举措也发生在不远处的日本桥地区，而且大丸有地区、东京站和日本桥地区连成一片的发展趋势已经呈现。新加坡正在建设的金沙湾新CBD是填海造地规划建设的新区，在公共交通建设、地下地上空间综合利用等方面与东京大丸有地区有很多相似之处，但增加了较高比例的居住功能，新建成的滨海湾花园和一系列开发项目之间用城市公共空间衔接，将所有城市要素高度整合，体现出高效率、高品质、高能级、开放性与高度复合的建设意图，同时确保新建项目容积率不小于10。

无疑，东京大丸有和新加坡金沙湾都是以建设全球最高等级CBD为目标。事实上，这两个亚洲的超级城区与纽约曼哈顿下城区和伦敦金融城（两处代表欧美最高等级的CBD）21世纪初以来的再度大幅提升城市能级和容量的战略举措如出一辙。曼哈顿下城区在地下空间大规模再开发、地铁运能提升和新增再开发项目等方面，以及伦敦金融城计划在15年内（2011至2026年）在其2.6平方公里的陆域范围（伦敦历史最悠久的区域之一）新增150万平方米开发增量的举措，无疑影响了东京和新加坡对该类区域发展的决策力度，且二者都与本土实际情况结合，实现了有亚洲特色的进一步优化。从这一点看，亚洲最先进城区当前的更新或建设举措成果也代表了全球城市中同类区域的最高水准。除了城市重要区域外，新加坡还对承载超过 80% 人口的公共住宅系统性地进行新建、重建扩容和建筑改造升级，这类专项的城市更新举措也将产生长期深远的积极影响。

6.3.2 城市更新的两个途径：自上而下和自下而上

21 世纪以来，亚洲城市更新在自上而下和自下而上两个途径上都有显著发展。自上而下主要针对与决策和政策直接关联的问题，尤其是土地利用、城市公共交通和公共服务能力、城市更新促进政策和民生改善重大举措等战略层面的问题，而且聚焦能代表城市竞争力水平的重点区域或专项领域。对于一个处于转型发展阶段的城市，如何应对这些问题直接影响到城市发展定位、资源分配及相关政策制定等一系列城市治理工作，直接关乎城市竞争力排名。自下而上的公众参与模式在亚洲也得到快速发展，越来越多的城市认识到吸引市民和民间组织力量参与城市日常管理，尤其是社区层面的自治管理，对于缓解各种城市问题的积极作用，因此，政府部门以各种方式吸引不同背景的市民、民间机构和专业组织参与各种类型的社区建设，如上海近年来由规划管理部门推进开展的社区微更新活动，公众参与活动支持资金的来源也呈现多样化特点。

本书分析的 12 个东京城市更新重大案例主要是自上而下途径的，政策和资本是两个关键条件。自下而上的城市更新能使更多民间力量介入城市更新，在缓解由于贫富差异而造成的一系列城市问题方面也具有积极作用，其作用是前者所不具备的。但是，对于上海和东京这类全球经济中心城市，要提升城市核心竞争力，自上而下的重大举措则是至关重要和必不可少的。

6.4 东京城市更新经验对上海的启示

6.4.1 上海需要新一轮的强势发展

《上海市城市总体规划（2017—2035）》明确提出"卓越的全球城市"的发展目标，要实现这个目标，上海必须尽快缩短与发达城市之间的显著差距。以经济指标而言，上海人均 GDP 不及新加坡的一半，与东京的差距更大，作为全球经济中心城市，这个差距说明上海仍有很大的发展空间。经济指标的差距必然体现在城市硬件的方方面面，特别是在关乎城市能级、运行效率和居民生活水平等方面，上海仍有很多明显短板。新时代的上海需要变化，需要尽一切可能大幅度提升城市品质，让上海的发展潜能再次充分释放。具有较大强度、覆盖范围和速度，以提升土地利用效率和城市能级为目标的实质性的城市更新是上海转型发展的必由之路，也是全球城市发展的规律。

上海需要新一轮的强势发展，一方面是因为与东京和新加坡等其他亚洲发达城市存在明显差距，另一方面是因为与长三角地区的杭州和南京等城市的差距也在明显缩小。以代表城市竞争力和形象的 CBD 而言，20 世纪 90 年代的浦东陆家嘴 CBD 今天已经在长三角其他若干城市出现了更高版本，即使在上海中心城区范围内也出现若干处在容量和轨道交通支撑力度方面完全具有可比性的类似区域，相比之下，陆家嘴的领先优势已明显减弱。

资本推动和全球竞争态势使得当代的国际城市（全球城市）处在不进则退，不能回避竞争的严酷状态。东京的重大再开发案例无一例外都显示了城市以增强能级来面对竞争的态度，与香港、新加坡和上海等亚洲其他城市争夺进入亚洲的资本和人才等资源，同时集聚全日本的人力和财力的意图十分明显。在吸引人才、科技力量和资本力量等方面，上海与东京等其他亚洲发达城市无疑存在竞争。上海必须对其重要城市区域进一步大幅提升能级、效率和内容，实施再城市化举措，通过重点区域和重要城市要素的再度升级，缩小与其他亚洲发达城市的差距，在综合能级方面再度凸显长三角区域龙头城市地位——这是上海"迈向卓越的全球城市"不可回避的转型发展环节。

6.4.2 上海城市更新面临的问题

（1）观念上的问题亟待解决。 上海转型发展和城市更新当前面临诸多问题，首先体现在认识层面，一些形成于过去 30 年快速城市化过程中的惯性思路需要改变。如，将"建成"当作目标，没有认识到从无到有快速实施硬件建设与建成后继续更新升级两个阶段之间的巨大反差，而且认为按照规划指标建设完成了的地区，除了不涉及土地和物业的"微更新"，没什么可做的了。这种已经进入潜意识层面的观念不仅体现在城市重要区域，如陆家嘴和北外滩临江一线土地规划和利用方面，也体现在一些小地块利用方面，如上海中心城区主要街道沿线有大量的采用独立地块甚至独院式布局的各类市政设施和地铁附属设施等。与这个观念相反，欧美大部分高度城市化的城市更加重视建成区的再开发等规划问题，并将其作为提升城市竞争力的战略问题对待。

从习以为常或司空见惯的既有模式中看到问题，对局内人来说确实不容易，而通过对比就容易发现问题所在。以下举几个例子。代表上海国际金融中心地位的重要区域必须保持与国际对标区域发展同步，甚至更快的升级节奏——陆家嘴核心区域（小陆家嘴）1.7平方公里范围仅两条地铁线（包括在建一条），而伦敦金融城、曼哈顿下城区和东京大丸有地区三个对标区域范围各有超过10条轨道交通线，公共交通能级不足是导致陆家嘴范围内项目容积率远远低于国际对标区域的主要原因之一。除了陆家嘴这类具有特别战略意义的区域，上海中心城区的其他建成区域，大部分都是第一次城市化的建成结果，而从全球范围的城市演变规律来看，尤其是欧洲城市，城市中大部分现存建筑都是在其地块上伴随城市长期演变发生过若干次建设演变才达到合理状态。上海中心城区的很多区域，包括历史街区和工人新村区域都需要研究合理迭代更新的办法，既延续历史特征，又能面向未来保持合理变化。新加坡20世纪60年代建设的第一代新镇和组屋（新加坡公共住宅）与上海的工人新村区域有诸多有形和无形的相似之处，新加坡政府持续推进新镇和组屋升级发展的办法值得借鉴。当然，对工人新村区域实施城市更新举措不能延用以往拆动迁、土地招拍挂和房地产开发的模式，需要新的"游戏规则"，如能实施，对上海城市发展具有多重积极意义，潜力巨大。

亚洲城市的规划与建设发展仍在快速进行之中，城市在整体布局和城市重点区域两个尺度层面都尚未达到定型时期，改变和提升空间仍很巨大，促进城市布局和重点区域模式升级的重大更新举措应该被积极看待，不能因为以往粗放型建设带来的问题而在认识层面否定重大城市再开发模式。渐进式、小微、自下而上的城市更新举措对于城市布局和用地模式的提升作用十分有限。

（2）容积率和基础设施支撑力度问题。 上海中心城区目前的容积率控制指标低，与欧美和亚洲其他发达城市相比，指标差距很大，从长远发展的角度考虑，应客观科学地研究容积率问题，其影响深远。由房地产市场主导推进的粗放型的城市建设过程中，容积率确实是资本谋求更多开发利益的重要指标，这让容积率染上了很强的负面色彩，给社会很多方面，包括一些城市决策者和专业人员一种片面观点——好的城市应该是低容积率的，而高容积率是一种城市病。将纽约曼哈顿 CBD、东京大丸有 CBD 和上海浦东陆家嘴 CBD 进行比较，三个区域都承担了城市经济活动中心的职能，范围也基本相当，但区域总建筑面积显然陆家嘴 CBD 少很多，也就是说在物质性承载能力方面差距很大。依靠降低容积率来缓解交通等城市基础设施压力会引发城市重要区域竞争力不足和摊大饼式的城市蔓延等连带的负面效应。

高容积率建设需要更加强大的城市基础设施支撑，包括公共交通和城市供电、供水以及垃圾处理等多个方面，容积率与城市基础设施支撑力度是两个关联问题，必须统一考虑。以目前情况看，上海在容积率和基础设施建设两个方面都有很大提升余地，交通方面的短板问题尤为紧迫。本书案例涉及的东京新宿站日均人流超过 350 万，池袋站日均人流超过 250 万，是城市基础设施支撑力度的很好参照。

（3）城市规划转型问题——城市规划如果不转型，城市发展转型就无从谈起。 这个"城市规划"指的是广义的城市规划管理，不仅仅是城市规划管理部门职责范围内的规划，还包括其他相关的政府管理部门中与城市规划相关的职能，涉及交通、消防、市容绿化等多个部门。目前很多相关管理部门执行的规则和规范等与转型发展和推进城市更新存在明显矛盾，认识层面存在严重问题，也形成对处于同级的城市规划管理部门的严重束缚。例如，城市轨道交通站点与相邻地块或建筑物的合理衔接问题，即使在上海内环范围之内，能够与相邻地块产生衔接关系的情况也极少，轨道交通站点的出站口、通风井、地面上的设备用房等的设置模式单一，与其他欧美和亚洲发达城市中心区内同类情况对比，在土地利用效率、地下复合功能利用、与周边办公和商业地块地下连通、所在区域步行交通组织等方面的差距十分显著，需要大幅度的改造提升，实现交通效率、城市形象、区域步行网络和服务功能等多方面的更新升级，在经济效益和社会效益两方面都有显著潜力。当然，城市更新的前提是认识层面和相关管理规范的改变，需要决策层的决心并对相关管理部门进行职能调整，所有适应城市转型发展需要的城市规划相关内容必须率先转型，才能真正开启上海升级发展的广阔空间。

中国城市的规划建设仍处于快速发展阶段，这个阶段的城市发展特点和当前全球形势变化特征决定了城市规划相关法规，尤其是指导上海这类全球城市的规划文件和配套法规需要保持动态调整——一方面保持战略发展方向不动摇，另一方面在战术层面保持一定的灵活性。伦敦进入 21 世纪以来推出了 2004，2008，2011 及 2016 年共四版的《大伦敦地区空间发展战略规划》；日本 2002 年推出《城市更新特别措施法》后，对《城市再开发法》等相关法规也做了相应的频繁改进，以适应快速推进城市更新的需要；新加坡的总体规划每五年进行一轮评估和修改，而且在重点项目中鼓励投资和开发等积极参与规划环节，对来自市场力量的合理建议有透明开放的程序纳入规划文件，这也是新加坡城市规划意图实现度极高的原因之一。法规方面的建设与完善任重道远，涉及更大范畴的城市开发机制、资源分配、城市治理手段和防止腐败等深层次问题，但改革是必然趋势。

（4）**城市空间布局优化问题**。对于当前处于转型发展时期的上海，尤其是其中心城区而言，空间布局优化是整合城市各方面资源与举措，显著提升城市综合能级、效率和品质的最重要途径和策略，其结果也将是城市发达程度和管控能力的最直观体现。城市空间布局优化问题在上海全域、中心城区和城市重点区域三个尺度层面上目前都存在明显的提升需求和潜力。上海各个区政府是实施城市空间布局优化的最主要力量，黄浦区外滩区域、浦东新区陆家嘴、虹口区北外滩核心区域、长宁区虹桥核心区等上海重点区域目前都存在功能、空间和项目等各方面的升级换代需求，亟待作为城市更新重点单元开展从布局优化到项目模式提升的必要举措。这些重点区域对上海转型发展的意义和潜力巨大，应参照国际对标城市区域的发展经验和规律，按照最高标准，给予最大的政策支持和规划引导。应对转型需要的空间布局优化与城市功能布局优化是有机结合的两个方面，不可分割，也必须在城市更新项目模式上进行必要的、大力度的改革。

6.4.3 上海城市更新近期举措思考："特区"与模式创新

从过去 30 多年的粗放型模式到新一轮体现精细化管理能力的跨越式发展，是一个重大、复杂、系统性的转变，在转变过程中仍要保持发展速度，难度确实难以估量。城市更新如何"破局"是上海当前面临的一个严峻问题。超常规、跨越式发展的起步阶段不可能是全面铺开，必须聚焦重点区域和重点领域。由于以往城市开发建设模式的"惯性"仍然在各个方面占据主导位置，而且平均主义的城市资源配置（尤其是公共交通等基础设施资源配置）模式对真正代表城市能级的重点区域已经产生"抑制"效应——如上海陆家嘴范围内的轨道交通支撑力度问题，建议采用特区、特别机构和特别管理办法的途径实现破局。在明确限定范围的城市重要区域内，公开透明，采用科学合理的新模式，参照全球范围内对标案例的标准，最大限度开展该区域范围内的布局优化和新模式城市更新项目。上海既有的城市重要区域的布局、容量、公共交通支撑等方面远未达到定型程度，与国际对标案例相比，后发潜能巨大，如将这些重要区域设定为特区，在定位、城市更新顶层设计和实施力量等方面给予超常规的支持同时提出超常规的要求，将对提升上海城市能级和全球竞争力产生不可限量的深远作用。在特区内摸索成功的经验再复制推广，带动更大范围的制度性改进。从目前情况看，仅依靠试点项目还无法解决需要规划、交通、地下空间、消防、公房制度、历史保护等相关内容进行综合性改革的城市转型发展需要。从欧美和亚洲发达城市的经验看，设定特区是实现城市发展模式创新的一个必要途径。

　　尽管面临诸多问题和挑战，上海的城市更新已经启动。这座城市历史上不乏通过城市更新迅速发展的经验——外滩区域从 19 世纪 40 年代后期在一片滩涂上开始第一轮城市化至 20 世纪 30 年代，曾历经三次城市化建设和翻建过程，使其成为当时远东最重要的金融和综合功能城市区域；20 世纪 90 年代的 10 年间，浦东小陆家嘴从一片郊区变身为全球瞩目的 CBD。上海具有不断改革创新的基因和发展潜能，推进土地资源高质量利用等政策陆续出台，完全有理由相信上海今后的转型发展会取得显著成就。

参考文献

[1] 株式会社日本设计. 日本设计 [M]. 北京：中国建筑工业出版社，2011.

[2] 日本三菱地所设计. 丸之内：世界城市"东京丸之内"120 年与时俱进的城市设计 [M]. 北京：中国城市出版社，2013.

[3] 日建设计站城一体开发研究会. 站城一体开发：新一代公共交通指向型城市建设 [M]. 北京：中国建筑工业出版社，2014.

[4] 富田和晓，藤井正. 图说大都市圈（新版）[M]. 王雷，译. 北京：中国建筑工业出版社，2014.

[5] 矢家隆，家田仁. 轨道创造的世界都市：东京 [M]. 陆仕普，译. 北京：中国建筑工业出版社，2016.

[6] 王郁. 城市管理创新：世界城市东京的发展战略 [M]. 上海：同济大学出版社，2004.

[7] 東京都. 東京都長期ビジョン [R]. 東京：東京都，2014.

[8] 東京都都市整備局. 東京都市白书 [R]. 東京：東京都都市整備局，2013.

[9] 東京都. 東京の都市づくりビジョン（改定）[R]. 東京：東京都，2009.

[10] 東京都. 東京都住宅マスタープラン [R]. 東京：東京都，2012.

[11] 日本都市計画学会. 日本の都市づくり [M]. 東京：朝倉書店，2011.

[12] 近代建築社. 近代建築 1997 年 9 月特集：日本設計創立 30 周年 [M]. 東京：近代建築社，1997.

[13] 近代建築社. 近代建築 2007 年 9 月特集：日本設計創立 40 周年 [M]. 東京：近代建築社，2007.

[14] 一般社団法人再開発コーディネーター協会. 逐条都市再開発法（第 24 版）[M]. 東京：一般社団法人再開発コーディネーター協会，2018.

[15] 一般社団法人再開発コーディネーター協会. 再開発関係法令集 2018[M]. 東京：一般社団法人再開発コーディネーター協会，2018.

[16] 全国市街地再開発協会. 再開発のための基礎用語（改訂第 6 版）[M]. 東京：全国市街地再開発協会，2006.

[17] 芦原義信. 隠れた秩序：二十一世紀の都市に向って [M]. 東京：中央公論社，1989.

[18] 藤森照信. 明治の東京計画 [M]. 東京：岩波書店，1982.

[19] 松葉一清. 東京現代建築ガイド [M]. 東京：鹿島出版会，1992.

[20] 新建築社. 建築ガイドブック（1864—1993）[M]. 東京：新建築社，1994.

[21] 鈴木博之，山田学，野沢康. 建築ガイド・都市ガイド：東京圏 [M]. 東京：彰国社，1998.

[22] 全国市街地再開発協会. 日本の都市再開発史 [M]. 東京：住宅新報出版，1991.

[23] 全国市街地再開発協会. 日本の都市再開発第 7 集 [M]. 東京: 全国市街地再開発協会, 2011.

[24] 全国市街地再開発協会. 日本の都市再開発第 6 集 [M]. 東京: 全国市街地再開発協会, 2006.

[25] 全国市街地再開発協会. 日本の都市再開発第 5 集 [M]. 東京: 全国市街地再開発協会, 2000.

[26] 全国市街地再開発協会. 日本の都市再開発第 4 集 [M]. 東京: 全国市街地再開発協会, 1995.

[27] 全国市街地再開発協会. 日本の都市再開発第 3 集 [M]. 東京: 全国市街地再開発協会, 1991.

[28] 全国市街地再開発協会. 日本の都市再開発第 2 集 [M]. 東京: 全国市街地再開発協会, 1986.

[29] 全国市街地再開発協会. 日本の都市再開発第 1 集 [M]. 東京: 全国市街地再開発協会, 1981.

[30] The Mori Memorial Foundation (MMF) Institute for Urban Strategies. Global Power City Index 2016[R]. Tokyo: The Mori Memorial Foundation (MMF), 2017.

[31] The Mori Memorial Foundation (MMF) Institute for Urban Strategies. Tokyo Future Scenario 2035[R]. Tokyo: The Mori Memorial Foundation (MMF), 2011.

[32] Seoul Development Institute. Historic Conservation Policies in Seoul, Beijing and Tokyo (Joint Research by Seoul Development Institute, Beijing Municipal Institute of City Planning and Design & Center for Sustainable Urban Regeneration, University of Tokyo) [R]. Seoul: Seoul Development Institute, 2005.

图片来源

2-1 株式会社日本设计
2-2 国土地理院
2-3 国土地理院
2-4 东京都政府"东京 WEB 照片馆"
2-5 株式会社日本设计
2-6 株式会社日本设计
2-7 株式会社 PIXTA
2-8 株式会社日本设计
2-9 上海泛格规划设计咨询有限公司
2-10 上海泛格规划设计咨询有限公司
2-11 上海泛格规划设计咨询有限公司
2-12 上海泛格规划设计咨询有限公司
2-13 株式会社日本设计
2-14 《新建筑》（日本杂志）照片部门提供
2-15 川澄 · 小林研二照片事务所
2-16 《新建筑》（日本杂志）照片部门提供
2-17 株式会社日本设计
2-18 川澄 · 小林研二照片事务所
2-19 上海泛格规划设计咨询有限公司
2-20 上海泛格规划设计咨询有限公司
2-21 国土地理院
2-22 株式会社日本设计
2-23 株式会社彰国社照片部门提供
2-24 作者根据相关资料改绘
2-25 株式会社日本设计
2-26 株式会社日本设计
2-27 a- 株式会社彰国社照片部门提供；b- 上海泛格规划设计咨询有限公司
2-28 上海泛格规划设计咨询有限公司
2-29 上海泛格规划设计咨询有限公司
2-30 a- 株式会社日本设计；b- 上海泛格规划设计咨询有限公司
2-31 上海泛格规划设计咨询有限公司
2-32 株式会社日本设计
2-33 东京都立中央图书馆特别文库室馆藏图片
2-34 东京都中央区立京桥图书馆馆藏图片
2-35 东京都中央区立京桥图书馆馆藏图片
2-36 东京都立中央图书馆馆藏图片
2-37 川澄 · 小林研二照片事务所
2-38 东京都中央区立京桥图书馆馆藏图片
2-39 《新建筑》（日本杂志）照片部门提供
2-40 川澄 · 小林研二照片事务所
2-41 上海泛格规划设计咨询有限公司

2-42 东京都中央区立京桥图书馆馆藏图片
2-43 株式会社日本设计
2-44 株式会社日本设计
2-45 株式会社日本设计
2-46 株式会社日本设计
2-47 株式会社日本设计
2-48 株式会社日本设计
2-49 株式会社日本设计
2-50 株式会社日本设计
2-51 株式会社日本设计
2-52 株式会社 PIXTA
2-53 株式会社日本设计
2-54 上海泛格规划设计咨询有限公司
2-55 川澄 · 小林研二照片事务所
2-56 川澄 · 小林研二照片事务所
2-57 株式会社日本设计
2-58 株式会社日本设计
2-59 株式会社日本设计
2-60 株式会社日本设计
2-61 上海泛格规划设计咨询有限公司
2-62 上海泛格规划设计咨询有限公司
2-63 上海泛格规划设计咨询有限公司
2-64 上海泛格规划设计咨询有限公司
2-65 株式会社日本设计
2-66 株式会社 PIXTA
2-67 东京都立中央图书馆馆藏图片
2-68 东京都立中央图书馆馆藏图片
2-69 三菱地所株式会社提供
2-70 三菱地所株式会社提供
2-71 上海泛格规划设计咨询有限公司
2-72 上海泛格规划设计咨询有限公司
2-73 作者根据相关资料绘制
2-74 上海泛格规划设计咨询有限公司
2-75 上海泛格规划设计咨询有限公司
2-76 作者根据相关资料绘制
2-77 作者根据相关资料改绘
2-78 日刊建设工业新闻社提供
2-79 上海泛格规划设计咨询有限公司
2-80 上海泛格规划设计咨询有限公司
2-81 上海泛格规划设计咨询有限公司
2-82 株式会社日本设计
2-83 株式会社日本设计
2-84 株式会社日本设计

2-85 上海泛格规划设计咨询有限公司

3-1 株式会社日本设计
3-2 东京都品川区政府"品川 WEB 照片馆"
3-3 国土地理院
3-4 株式会社日本设计
3-5 株式会社日本设计
3-6 川澄 · 小林研二照片事务所
3-7 日铁兴和不动产株式会社提供
3-8 a- 日铁兴和不动产株式会社提供；b- 上海泛格规划设计咨询有限公司；c- 上海泛格规划设计咨询有限公司
3-9 株式会社日本设计
3-10 株式会社日本设计
3-11 川澄 · 小林研二照片事务所
3-12 株式会社日本设计
3-13 日铁兴和不动产株式会社提供
3-14 川澄 · 小林研二照片事务所
3-15 株式会社 MIYAGAWA
3-16 上海泛格规划设计咨询有限公司
3-17 作者根据相关资料改绘
3-18 上海泛格规划设计咨询有限公司
3-19 上海泛格规划设计咨询有限公司
3-20 上海泛格规划设计咨询有限公司
3-21 日铁兴和不动产株式会社提供
3-22 上海泛格规划设计咨询有限公司
3-23 上海泛格规划设计咨询有限公司
3-24 株式会社日本设计
3-25 横滨开港资料馆馆藏图片
3-26 日本物流博物馆馆藏图片
3-27 东京都政府"东京 WEB 照片馆"
3-28 东京都政府"东京 WEB 照片馆"
3-29 株式会社 AMANA IMAGES
3-30 作者根据相关资料绘制
3-31 株式会社 MIYAGAWA
3-32 株式会社日本设计
3-33 株式会社日本设计
3-34 株式会社日本设计
3-35 株式会社日本设计
3-36 上海泛格规划设计咨询有限公司
3-37 株式会社日本设计
3-38 株式会社日本设计
3-39 《新建筑》（日本杂志）照片部门提供
3-40 川澄 · 小林研二照片事务所
3-41 上海泛格规划设计咨询有限公司
3-42 上海泛格规划设计咨询有限公司

3-43 株式会社日本设计
3-44 株式会社エスエス（SS CO., LTD）
3-45 上海泛格规划设计咨询有限公司
3-46 上海泛格规划设计咨询有限公司
3-47 上海泛格规划设计咨询有限公司
3-48 上海泛格规划设计咨询有限公司
3-49 作者根据相关资料改绘
3-50 上海泛格规划设计咨询有限公司
3-51 株式会社日本设计
3-52 株式会社エスエス（SS CO., LTD）
3-53 川澄 · 小林研二照片事务所
3-54 川澄 · 小林研二照片事务所
3-55 川澄 · 小林研二照片事务所
3-56 川澄 · 小林研二照片事务所
3-57 川澄 · 小林研二照片事务所

4-1 国土地理院
4-2 国土地理院
4-3 上海泛格规划设计咨询有限公司
4-4 上海泛格规划设计咨询有限公司
4-5 作者根据相关资料绘制
4-6 川澄 · 小林研二照片事务所
4-7 株式会社日本设计
4-8 株式会社日本设计
4-9 株式会社日本设计
4-10 上海泛格规划设计咨询有限公司
4-11 上海泛格规划设计咨询有限公司
4-12 株式会社日本设计
4-13 株式会社日本设计
4-14 川澄 · 小林研二照片事务所
4-15 川澄 · 小林研二照片事务所
4-16 川澄 · 小林研二照片事务所
4-17 川澄 · 小林研二照片事务所
4-18 川澄 · 小林研二照片事务所
4-19 上海泛格规划设计咨询有限公司
4-20 株式会社日本设计
4-21 株式会社日本设计
4-22 株式会社日本设计
4-23 株式会社日本设计
4-24 a- 川澄 · 小林研二照片事务所；b- 上海泛格规划设计咨询有限公司
4-25 川澄 · 小林研二照片事务所
4-26 川澄 · 小林研二照片事务所
4-27 川澄 · 小林研二照片事务所
4-28 川澄 · 小林研二照片事务所
4-29 上海泛格规划设计咨询有限公司

4-30 川澄 · 小林研二照片事务所
4-31 川澄 · 小林研二照片事务所
4-32 上海泛格规划设计咨询有限公司
4-33 株式会社日本设计
4-34 森大厦株式会社提供
4-35 作者根据相关资料绘制
4-36 株式会社日本设计
4-37 株式会社日本设计
4-38 株式会社日本设计
4-39 川澄 · 小林研二照片事务所
4-40 森大厦株式会社提供
4-41 森大厦株式会社提供
4-42 森大厦株式会社提供
4-43 株式会社日本设计
4-44 株式会社日本设计
4-45 株式会社日本设计
4-46 川澄 · 小林研二照片事务所
4-47 川澄 · 小林研二照片事务所
4-48 川澄 · 小林研二照片事务所
4-49 森大厦株式会社提供
4-50 株式会社日本设计
4-51 株式会社日本设计
4-52 日铁兴和不动产株式会社提供
4-53 川澄 · 小林研二照片事务所
4-54 上海泛格规划设计咨询有限公司
4-55 作者根据相关资料改绘
4-56 株式会社日本设计
4-57 株式会社日本设计
4-58 株式会社日本设计
4-59 株式会社日本设计
4-60 株式会社日本设计
4-61 株式会社日本设计
4-62 株式会社日本设计
4-63 株式会社日本设计
4-64 川澄 · 小林研二照片事务所

5-1 作者根据相关资料绘制
5-2 三轮晃久照片研究所
5-3 株式会社日本设计
5-4 A To Z 坂口裕康
5-5 张在元《东京建筑与城市设计第一卷積文彦代官山集合住宅区》
5-6 上海泛格规划设计咨询有限公司
5-7 株式会社日本设计
5-8 川澄 · 小林研二照片事务所
5-9 川澄 · 小林研二照片事务所

5-10 川澄 · 小林研二照片事务所
5-11 a- 株式会社日本设计；b- 上海泛格规划设计咨询有限公司
5-12 上海泛格规划设计咨询有限公司
5-13 上海泛格规划设计咨询有限公司
5-14 上海泛格规划设计咨询有限公司
5-15 上海泛格规划设计咨询有限公司
5-16 上海泛格规划设计咨询有限公司
5-17 上海泛格规划设计咨询有限公司
5-18 上海泛格规划设计咨询有限公司
5-19 株式会社日本设计
5-20 a- 上海泛格规划设计咨询有限公司；b- 株式会社日本设计
5-21 国土地理院
5-22 株式会社日本设计
5-23 株式会社エスエス（SS CO., LTD）
5-24 株式会社日本设计
5-25 株式会社エスエス（SS CO., LTD）
5-26 株式会社エスエス（SS CO., LTD）
5-27 株式会社エスエス（SS CO., LTD）
5-28 上海泛格规划设计咨询有限公司
5-29 株式会社エスエス（SS CO., LTD）
5-30 上海泛格规划设计咨询有限公司
5-31 上海泛格规划设计咨询有限公司
5-32 上海泛格规划设计咨询有限公司
5-33 株式会社エスエス（SS CO., LTD）
5-34 上海泛格规划设计咨询有限公司
5-35 上海泛格规划设计咨询有限公司
5-36 上海泛格规划设计咨询有限公司
5-37 上海泛格规划设计咨询有限公司
5-38 上海泛格规划设计咨询有限公司
5-39 株式会社エスエス（SS CO., LTD）
5-40 上海泛格规划设计咨询有限公司
5-41 株式会社日本设计
5-42 株式会社日本设计
5-43 株式会社日本设计
5-44 株式会社エスエス（SS CO., LTD）
5-45 株式会社エスエス（SS CO., LTD）
5-46 上海泛格规划设计咨询有限公司
5-47 川澄 · 小林研二照片事务所
5-48 上海泛格规划设计咨询有限公司
5-49 上海泛格规划设计咨询有限公司
5-50 上海泛格规划设计咨询有限公司
5-51 上海泛格规划设计咨询有限公司
5-52 上海泛格规划设计咨询有限公司
5-53 上海泛格规划设计咨询有限公司

后记 1

我自 1983 年加入株式会社日本设计以来，参与了东京众多城市开发项目。其中包括本书介绍的品川站东口开发项目、虎之门新城项目和赤坂一丁目再开发项目。日本的城市开发项目通常涉及的土地权利人数众多，项目开发周期长达 10 年以上的情况并不少见。我本人自 2003 年以来将更多的精力投入到以中国为主的海外项目中，大部分日本国内项目则交由我在日本设计的同事，由他们继续完成。

回顾过去 15 年，我在致力于海外项目开发的同时，很高兴看到在曾经被认为"推进城市再开发困难重重"的东京都中心地区，大型再开发项目一个个顺利竣工。在此期间，我接待了许多来东京考察的中国客人，特别是政府官员和开发商，我向他们展示和介绍了这些先进开发案例，大家都仔细聆听并热情地提出问题，在这个过程中我自己也产生了一些新的体会。例如，在此之前新宿副都心的规划方案一直被认为是非常普通的，但是 50 年前建立的 TOD 基本城市结构时至今日依然运作良好，是十分难能可贵的。此外，JR 及其他民营铁路、地铁等轨道交通运营商，为了让乘客拥有更好的乘车体验，对于已经建成并投入运营的车站内部和车站周边的交通功能空间，坚持不懈地进行改善，这也是难能可贵的。

2016 年底，沙永杰教授提议由同济大学建筑与城市空间研究所与株式会社日本设计合作出版一本介绍东京城市更新经验的书。沙教授认为，中国城市已进入"城市更新"的发展阶段，城市更新越来越受到关注，如果能够深入介绍东京城市再开发项目的代表性案例以及日本城市再开发法规和运作机制，将对中国城市的城市更新有很好的借鉴意义。虽然中国和日本的土地产权制度以及城市规划和开发相关的法规等方面存在很大差异，但如果能够出版一本总结东京城市更新状况和城市演变过程的研究成果，仍然会对未来中国的城市更新和 TOD 发展产生极大的参考价值。因此株式会社日本设计支持这个提议，并由我和沙永杰教授共同主持这项合作研究出版工作。历时两年有余，终于将这份成果呈现给中国读者。

非常感谢郑时龄院士、沙永杰教授、同济大学建筑与城市空间研究所的各位朋友、出版社的各位朋友、株式会社日本设计的千鸟义典社长、葛海瑛女士、周晖先生以及株式会社日本设计中国法人日宏（上海）建筑设计咨询有限公司的各位同事。能够面向中国读者出版此书，对我而言是极大的荣幸和喜悦。最后，对于长期以来一直支持我们的各位客户表达深深谢意的同时，希望本书能够为中国读者带来帮助。

岗田荣二

2019 年 3 月 29 日

后记 2

2016 年 11 月 1 日，在由同济大学和上海市城市规划设计研究院联合主办的"亚洲城市论坛 2016·上海"上，株式会社日本设计首席建筑师黑木正郎先生做了"丰岛环境交响曲——东京丰岛区政府大楼及住宅综合开发"的特邀报告，介绍了本书中丰岛区政府办公楼与住宅综合体案例，这个报告引起了与会专家和规划管理人员的很大关注。我作为这次论坛的协调人提议由同济大学建筑与城市空间研究所与株式会社日本设计合作出版一本介绍东京城市更新经验的书。合作出版的意图一方面是推出一系列有深度的代表性案例，另一方面也能通过这些案例阐释东京城市更新在政策、专业法规及具体实施力量和实施机制方面的情况。株式会社日本设计积极回应了这个提议，并由日本设计首席规划师岗田荣二先生挂帅，与我共同牵头，集合双方力量开展这个合作研究出版项目。

上海自 2010 年进入城市转型发展阶段，城市更新成为当前上海规划和发展的关键。在新时代的发展背景下，上海必须以全球视野对标有可比性的国际发达城市，广泛学习和借鉴国际发达城市已有的经验和教训。东京是亚洲发达城市的代表，东京近代以来的城市演变过程，尤其是 20 世纪 60—90 年代的城市化过程，以及当前正在进行的再城市化进程，具有很强的亚洲特点，并体现出日本的独特性，对上海有很好的借鉴意义。我相信这本书会对上海和其他中国城市的城市更新工作有很大的积极意义。

株式会社日本设计是全球知名的城市规划与建筑设计专业机构，其在日本的作品，尤其在东京中心区域的重要作品数量巨大，对东京城市发展产生重要影响。能够与日本设计合作开展这项研究出版工作，我深感荣幸，对我的年轻同事而言，这也是一次难得的交流和学习经历。这次合作出版是一次真正的国际合作研究，在两年多的工作过程中，双方在东京和上海频繁召开工作讨论会，合写文稿，经过若干次磨合，最终成果集合了双方的视点和理解，实现了"1＋1＞2"的成效。岗田荣二先生对选题、案例选择、现场调研、案例分析及本书第一章的写作等各个环节亲力亲为，花费了大量时间和心血，他的工作状态让我从另一个侧面看到了国际级专业机构的水准。株式会社日本设计的葛海瑛女士、周晖先生及其他为数众多的同仁也为这项合作研究花费了大量精力。没有来自日本设计的大力支持，这份成果在中国出版是不可能的。

感谢株式会社日本设计千鸟义典社长和同济大学建筑与城市空间研究所郑时龄院士的大力支持。希望这份合作研究成果的出版进一步推进中日之间、东京和上海之间在城市规划与建筑设计领域的交流与合作。

沙永杰

2019 年 4 月 2 日

主要作者简介

沙永杰 （Yongjie SHA）

同济大学建筑与城市规划学院教授，同济大学建筑与城市空间研究所常务副所长，上海泛格规划设计咨询有限公司主持人。同济大学建筑历史与理论专业博士，哈佛大学设计研究硕士。曾在新加坡国立大学设计与环境学院任访问副教授（2010—2012）和双聘副教授（2014—2016）。中国城市规划学会城市更新学术委员会副主任委员，上海市规划委员会城市空间与风貌保护专业委员会委员。

长期从事规划和城市设计研究与实践，重点关注政府主导的、探索新模式和新管理办法的城市更新试点工作。近年来深度参与上海城市更新探索性工作，担任徐汇区湖南社区总规划师、长宁区城市保护更新名誉总规划师和浦东缤纷社区规划导师等工作。代表性实践项目包括武康路保护规划设计和综合整治工程（2007—2010），上海徐汇区风貌保护道路规划（2011—2013，全国优秀城乡规划设计一等奖，上海市决策咨询研究成果一等奖）和长宁重点区域城市更新对策研究（2013—2016）等。代表性学术著作包括《上海武康路——风貌保护道路的历史研究与保护规划探索》《中国城市的新天地——瑞安天地项目城市设计理念研究》*Shanghai Urbanism at the Medium Scale* 和《亚洲城市的规划与发展》。

岗田荣二 (Eiji OKADA)

株式会社日本设计首席规划师。毕业于东京大学，获学士学位。株式会社日本设计执行董事国际项目群群长（2012—2016）。注册不动产鉴定师（日本）、注册一级建筑师（日本）、注册城市再开发规划设计师（日本）、注册城乡规划师（日本注册技术师—建设部门）。

在城市规划、城市设计、市街地再开发事业项目（日本独特系统的城市更新项目）领域有着丰富的理论和实践经验。尤其擅长将房地产经济学的理论与城市设计实践相结合，为城市的规划注入多元的内涵。在日本的代表项目包括日本东京品川站东口开发项目规划设计(1992—1993)，日本东京虎之门新城项目(1992—1994, 2000—2004) 等。在中国的代表项目包括深圳市前海深港现代服务业合作区妈湾片区城市设计（2018，国际方案征集第二名），上海市原克虏伯工厂区域城市更新——后滩之星城市设计 (2016, 国际方案征集第一名)，中国无锡市无锡中央车站北广场 TOD 城市设计及建筑设计（2007—2011，国际竞赛中标）。

图书在版编目（CIP）数据

东京城市更新经验：城市再开发重大案例研究 / 同
济大学建筑与城市空间研究所，株式会社日本设计著 . --
上海：同济大学出版社，2019.6（2024.7 重印）
　ISBN 978-7-5608-8519-3

　Ⅰ.①东... Ⅱ.①同... ②株... Ⅲ.①城市建设 – 研
究 – 东京 Ⅳ.① TU984.313

　中国版本图书馆 CIP 数据核字（2019）第 127382 号

东京城市更新经验：城市再开发重大案例研究

同济大学建筑与城市空间研究所　株式会社日本设计　著

出 品 人　华春荣
策划编辑　江　岱
责任编辑　江　岱
助理编辑　周原田
责任校对　徐春莲
装帧设计　张　微
出版发行　同济大学出版社 www.tongjipress.com.cn
　　　　　（地址：上海市四平路 1239 号　邮编：200092　电话：021–65985622）
经　　销　全国各地新华书店
印　　刷　上海安枫印务有限公司
开　　本　787mm×1092mm　1/16
印　　张　14
字　　数　349 000
版　　次　2019 年 6 月第 1 版
印　　次　2024 年 7 月第 5 次印刷
书　　号　ISBN 978-7-5608-8519-3
定　　价　128.00 元